前言

英國有句話說：「狗是人生中最好的伴侶。」日本也有愈來愈多的人想和狗狗一起生活。雖然愛狗人士持續增加，但能夠正確理解狗狗感受的人卻是逐漸減少。

「沒有辦法了解狗狗的感受，就沒辦法進一步加深交流」——這樣的想法導致大部分的飼主都選擇放棄，然而這就和戰鬥前舉白旗投降沒有兩樣。

的確，和狗狗交流並非一件容易的事。狗狗無法用語言表達自己的感受和慾望，只能透過身體動作或吠叫等方式來自我主張。

有些飼主會在愛犬吠叫時，馬上生氣大喊「閉嘴！」「別沒事亂吠」。日本有不少人是在公寓或擁擠區養狗，因此即使是微弱的吠叫聲也會影響到鄰居，遭到投訴的案例時有所聞，我能理解這種噪的緊張情緒。

是，狗狗並不是因為喜歡才吠叫不停，只有人類——包括飼主在內——才會認為狗狗「沒事亂吠」，其實是大錯特錯。

實際上，吠叫的背後必定隱藏著某種心情和主張。狗狗是因為有需要才吠叫，若將這種行為定調從人類的角度來說，如果對方不能理解意思，我們也會不斷重複自己的主張，直到對方理解為止；不停地大叫「汪、汪！」也是同樣的道理。

若飼主能理解愛犬的感受，並採取正確的因應方式，就能讓狗狗接受而停止吠叫。只要具備理解狗求的能力，就不用擔心鄰居的抱怨。

養狗時還要注意一件事，那就是要保持「讓狗狗服從飼主」的心態。每當提到這個觀念，就有不少愛狗人士會提出反駁說：「寵物是家庭的一分子，根本無法接受『狗狗要服從』這句話！」

寵物確實就有如家人一般，這點我不否認，但是有太多過於溺愛狗狗的飼主對這句話有所誤解。狗狗不是毛絨玩偶或玩具，牠是活生生的生物，而且是重視主僕關係的動物。

從小就任性長大的狗狗，會誤以為「自己是這個家的老大，做什麼事都無所謂」。因為是老大，所以不聽飼主的話，只要有什麼不滿，就算攻擊飼主也可以。

有些飼主會說：「我們家的狗狗太任性了，實在拿牠沒辦法……。」但其實這是飼主本身造成的結果；一旦最終只能選擇棄養愛犬，對彼此都是一種傷害。

狗天生就是遵從領袖的動物，所以即使教牠「學會服從」，牠也不會有任何不滿。只要打從一開始就正確教育，狗狗就會對自己的處境感到滿意和安心，也不會引發有問題的行為。

狗和人類的關係已經持續了一萬多年，因此常言道「狗是人類最古老的朋友」。也因為長年打交道，狗的本能和心理已經被人類研究得相當透徹，然而我一直認為這些知識大部分只以專業書籍的形式流傳，這也是愛狗人士和狗狗之間溝通不順暢的原因之一。

我希望能創作一本為初次養狗，或是想成為飼養專家的人帶來幫助的教科書，而本書就是在這樣的想法下誕生。只要閱讀本書，就能清楚知道過去有哪些錯誤對待狗狗的方式，以及未來該如何因應。

希望這本書能夠幫助各位飼主和狗狗進行良好的溝通。

藤井　聰

第1章 從動作分辨狗狗的感受

第2章 從習慣看出狗狗的感受

第3章 從行為了解狗狗的感受

第4章 狗狗的身心

第5章 公狗和母狗的行為學

【参考資料】

『犬の気持ちがわかればしつけはカンタン！』 藤井聡・著 日本文芸社／『図解雑学 イヌの心理』武内ゆかり・監修 ナツメ社／『犬の気持ちがわかる本』 柴内裕子・監修 ナツメ社／『叱らない、叩かない 愛犬の困った行動を解決する「言葉」の処方箋』 佐藤真奈美・著 河出書房新社／『図解雑学 イヌの行動 定説はウソだらけ』 堀明・著 ナツメ社／『犬の行動と心理』 平岩米吉・著 築地書館／『なるほど！ 犬の心理と行動』 水越美奈・監修 西東社／『世界大百科事典』 平凡社／『犬の行動学』 エーベルハルト・トルムラー・著／渡辺格・訳 中央公論新社／『世界の犬図鑑―人気犬種ベスト１６５』 福山英也・監修 新星出版社／『最新犬種スタンダード図鑑』 𦰩藪豊作・監修 学習研究社

第1章

從動作分辨狗狗的感受

動作 1

狗狗搖尾巴未必是高興的表現

透過常見動作洞悉狗狗的感受

狗無法說話，只能用身體來表達自己的態度和心情，因此如果飼主沒有觀察狗狗的動作來了解牠的心情，就無法好好地進行交流。

有不少養狗人士會抱怨「愛犬不和自己親近」、「我家的狗一點也不聽話」。

但這是因為飼主沒有正確理解狗狗發出的情感信號，才會產生的誤會。當飼主以自己（人類）的角度，自以為「因為這樣，所以一定是那樣」時，便經常會得出和狗狗的真實心聲截然不同的答案，例如尾巴動作就是最好的例子。很多人總認為「狗搖尾巴是開心的表現」，但其實大錯特錯。

發生「誤以為高興，結果伸出手就被咬了」這樣的事故，不僅狗狗有錯，不能理解狗狗心情的人也有責任。

狗狗基本上只在對眼前的人、狗、物品感興趣，並且注視的時候才會搖尾巴，並非全然是示好的一種表現。

雖然有些狗會搖著尾巴，興奮地迎接陌生人的到來，但這個舉動正是牠認為「這傢伙有點可疑，也許是敵人」的證明。

若以為狗狗此時正在歡迎你，突然想摸摸牠的頭作為獎勵，反而會讓狗狗覺得「啊，這傢伙要攻擊我」，繼而變得更加興奮。在這種情況下，最後有可能會演變成釋出善意的手遭狗狗咬傷的悲劇，因此還是不要自作多情為妙。

不過，若狗狗只是平靜地搖著尾巴，就代表這是試圖向對方表示服從的情感表現。

人類是在1萬5千年前開始和狗一起生活，當時人類仍以洞穴為家，狗被視為是最古老的家畜。狗在基因上具有非常容易變異的特性，品種據說超過400種以上。

動作 2

尾巴都是朝上搖晃，心情卻大不相同！

警戒心的高低與搖尾速度成正比

在一定程度上，我們可以根據尾巴的方向知道狗狗的感受。

比如當狗狗充滿自信時，尾巴會向上翹起並慢慢搖擺。這時候狗狗認為自己很了不起，因此當有人覺得可愛，試圖撫摸牠的頭或肚子的話，反而會讓狗狗覺得「你這個下等人想幹什麼！」最後落得遭到咬傷的下場。

不過，狗狗在這種情況下只是想告訴對方「我比你厲害，別這麼做」，因此傷口通常不會太嚴重。

當看見狗狗尾巴朝上微幅不停搖擺時，代表牠正有所警戒。有時我們會看見初次見面的狗搖著尾巴走過來，但這動作並非表示歡迎，而是一種警戒的態度，代表牠正在思考：「到底是誰闖進我的地盤？」

如果此時伸出手，一邊讚美：「好可愛的狗狗啊，好乖好乖。」反而會有受傷的危險，而且狗狗這時會全力反擊，所以即使面對小型犬也不能大意。

綜上所述，我們可以根據狗狗搖尾巴的速度，在一定程度上看出狗狗的感受。具體來說，不妨假設狗的警覺性強度與搖尾巴的速度成正比；也就是說，當狗狗快速地微幅擺動尾巴時，就代表牠有很強烈的警戒心。

不過，只要擺動速度逐漸放緩，就表示牠正一步步放下警戒，可以認為是正在試圖接受我們。

不管怎麼說，每隻狗狗的情況皆略有差異，所以千萬別以為同樣的尾巴擺動方式意義都相同。

有些品種的狗，尾巴比起祖先的狼更為短小。此外，像柴犬這類日本犬，尾巴大多都向上翹起，這是野生動物馴化後才會出現的特徵，例如野豬和一般的豬之間也有類似的差異。

動作 3

狗狗高興時，尾巴會朝下擺動

嘴角上揚也是一種高興的表現

當狗表示高興時，尾巴會出現什麼樣的動作呢？狗狗高興時，尾巴的方向會稍微朝下，腰部稍微放低，如畫圈圈般擺動。

除此之外，還要注意尾巴活動的部位。當狗狗高興或想要和飼主或其他狗狗和睦相處時，尾巴應該是從根部用力搖晃。

相反地，若只是尾巴尖端微微晃動，就代表牠有所警戒。此時即使尾巴是斜著朝下，也最好盡量保持距離。

當給狗狗獎勵或豐盛的食物時，牠們的尾巴會稍微朝下擺動，這就是「感謝你給牠這麼棒的東西」的證據。這時只要一邊說「不客氣」，一邊摸摸狗狗的頭，應該就能拉近彼此間的距離。

順便一提，根據在義大利發表的一項研究結果顯示，當狗狗表達高興時，尾巴會朝右邊大幅搖擺。人類的大腦分為右腦和左腦，而左腦掌控情感，因此很容易將真實的想法呈現在臉的右半邊，說不定狗狗也是一樣。

不過，光靠尾巴擺動方式仍無法判斷的人，不妨試著注意狗狗的臉部表情。

人類在笑的時候嘴角會上揚，事實上狗也是一樣；若從正面看到狗狗出現嘴角上揚，彷彿正在微笑的表情，就代表牠現在很高興。在一般情況下，狗狗的舌頭會隨著嘴角鬆弛而伸出來。

另外，當狗狗用清晰的聲音大叫一聲「汪！」也是牠很高興的證據。雖然沒事亂吠會給鄰居帶來困擾，但是希望飼主不要在此刻責罵狗狗，給牠一點寬容吧。

用尾巴表達感受

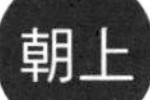

朝上

警戒時

豎起尾巴，輕輕搖晃尾巴尖端。

緩慢

快速

高興時

尾巴下垂，從根部搖晃，嘴角上揚，伸出舌頭。

朝下

狗的尾巴有骨頭，所以和其他部位一樣，如果受到強力撞擊或夾傷，可能就會導致骨折或脫臼；倘若用力拉扯或折彎，尾巴就有可能動彈不得。特別是幼犬尾巴的骨頭相當脆弱，只要稍有不慎，就會造成殘疾。

動作 4

狗狗受到驚嚇時，會把尾巴捲進後腿間

我們會將戰鬥中失敗逃跑的行為，戲稱為「夾著尾巴逃跑」，事實上這句話就是根據狗的動作而來；換言之，當狗狗把尾巴藏在後腿之間時，代表牠正因恐懼或焦慮而感到害怕。若進一步觀察，應該會發現狗狗將身體壓低，背部也蜷縮成一團。

這種情況代表狗狗正在向我們訴說：「我不會反抗，請不要攻擊我。」這時候狗狗已經被逼入絕境，所以當牠表現出這種姿體舉動時，就不要再逼近帶給牠恐懼感了。

此時如果想接近狗狗，最好身體蹲低，採低姿勢，避免站得高高的；只要放下身段，讓高度和狗狗的視線保持一致，就能減少牠的恐懼感。另外也要避免正面朝向狗狗，而是側身或背對牠，假裝視而不見；若試圖出聲安撫狗狗，反而會增加牠的恐懼感。

這種動作常出現在小型犬或膽小的狗，這類不擅長鬥爭的狗狗身上，當狗狗做出這樣的動作時，有些人會覺得很有趣而不停地逗弄，最後就會像「狗急跳牆」這句話一樣，狗狗會不顧一切做出反擊。

狗狗會為了保護自己而拚命攻擊，用盡全力咬向對方，所以千萬別將牠們逼入絕境。

另外，雖然不至於會捲進後腿間，但當尾巴下垂、且無力地微微搖晃時，就表示狗狗的心情相當低落。如果是蹲著不吃飯，偶爾還會發出虛弱的聲音，有可能是身體某處感到疼痛或是不適，這時最好儘快送醫檢查。

讓視線的高度和狗狗一樣高

因恐懼或焦慮而害怕時

將尾巴藏在後腿之間，
身體壓低，背部蜷曲。

身體不舒服時

尾巴下垂，緩慢
小幅度地搖晃。

狗狗雖然通過人工交配而誕生各種毛色和外型，但牠們都有嘴巴上下、臉頰下半部、肩膀後方的顏色略淡這個共同的特徵。這些地方是狗狗之間模仿打架（藉此確認自己的地位）時的攻擊目標。

動作 5

豎起耳朵是注意到某樣事物或威嚇的信號

這個舉動有時也能偵測到危險

有些人能憑自己的意願讓耳朵動起來。據說耳朵不會動的人，只是忘記要如何讓退化的動耳肌活動罷了，其實任何人都可以辦到。

相比之下，人類以外的大多數動物，動耳肌都顯得特別發達，尤其狗的耳朵動作更是頻繁。或許就是出於這個原因，狗的耳朵也時常流露出牠們的情緒。

舉例來說，當狗狗以平靜的表情豎起耳朵時，表示牠正專注在某樣事物上。

像米格魯和蝴蝶犬這類耳朵下垂的犬種，比較不容易辨認耳朵的動作，但如果我們仔細觀察，還是可以發現牠們的耳朵比平時更用力，或者出現瞬間的跳動。若狗狗在這個狀態下出現嘴角上揚，或是稍微張嘴吐出舌頭的表情，代表牠們開始覺得這件事「好像很有趣」。

同樣的情況下，如果狗狗的耳朵向前微微傾斜，露出牙齒或皺起鼻子或嘴唇時，就代表牠在威嚇或誇耀自己。即使是垂耳狗，耳朵也會用力朝水平方向稍微抬高一些。

當狗狗在室內或是院子裡做出這樣的動作時，不妨觀察牠注意的方向，試著挪開那裡的物品（比如闖進院子的貓或是不熟悉的擺設），看看是否能讓牠冷靜下來。

狗以卓越的嗅覺著稱，牠的聽覺也比人類敏銳四到五倍。

據說遠古人類和狗一起生活時，就是透過觀察狗耳朵的動作，得知獵物所在的方向或察覺到危險。或許狗還能看見某些我們看不見的「東西」呢。

用耳朵表達的感受

狗的耳朵構造和人類一樣，分為外耳、內耳和中耳三個部分，但狗的聽力卻是人類的4到5倍。此外，狗還可以聽見人類無法聽見、頻率超過2百萬赫茲的超音波。

動作 6

耳朵傾倒時，狗狗究竟在想些什麼？

是服從還是恐懼？

狗狗的耳朵向後傾倒具有各種含意，這反映出正反兩種截然不同的感受，若不小心誤判，就會失去愛犬的信任，飼主務必要多加注意。

即便狗狗的耳朵向後傾倒，但是牠的表情平靜、不露牙齒、也沒有皺起鼻子時，那麼就能視為是一種友好的態度，帶有「我服從你，讓我們好好相處吧」的含意。

這同時也是一種尊敬對方的表情，所以當狗狗對飼主表現出像這樣的態度時，就代表這隻狗狗具有良好的教養。

這時若狗狗的尾巴左右搖擺，或者嘴角上揚，嘴巴微微張開的話，不妨稍微溫柔地問牠：「要不要一起玩呢？」這是向狗狗表示「我理解你的感受」的方式，如果時間允許的話，不妨用這種方式來回應牠。

若狗狗的耳朵向後傾倒，可是卻向左右兩邊揚起時，代表牠覺得「有點可疑」、「很可怕」，內心正產生警戒。

想要求愛犬做些事，比如試圖讓牠坐車時，若是看見這種態度，就代表狗狗排斥上車。

耳朵一旦呈現這種反應，甚至露出牙齒、皺起鼻子，就表示牠正處於極度恐懼的狀態；若此時再強迫牠上車，很有可能會遭到攻擊，所以最好特別小心。

如果耳朵的位置不固定，不斷朝前、後或下方移動時，就表示牠正在思考該怎麼做。此時我們只需要在旁邊觀望，直到牠做出結論為止。

狗的聽覺不僅在頻率範圍優於人類，牠們分辨聲音方向的能力也很出色。當狗豎起耳朵時，甚至能瞬間判斷來自32個方向的聲音，這個數字可是人類的兩倍。之所以有這樣的差異，不僅僅是耳朵內部的性能，也和耳朵是否能自由活動有關。

動作 7

上下擺動前腳，是希望避開麻煩的表現

感到不安時的動作

這個動作稱為「安定訊號」（calming signals）。當狗狗感到焦慮或壓力時，會做出這樣的動作來安撫自己，這是挪威人吐蕊・魯格斯（Turid Rugaas）所創造的名詞。這和我們感到煩躁時猛抓頭，或者焦慮時會無意識交叉手臂如出一轍。

狗狗藉由這個動作，試圖避免與其他狗狗或飼主發生無謂的糾紛（例如打架）。

舉例來說，當狗狗被飼主以外的人牽著走的時候，就會經常表現出這個動作。有些人可能會誤以為狗狗想要握手，但對狗狗來說，這只是一種「因為你是陌生人，被你牽著讓我相當緊張，但是我不會主動攻擊，希望事情能順利進行，請你多多關照」的表現。這時我們只需要放低姿勢，輕輕地摸摸頭並告訴牠「也請你多多指教」即可。

當狗狗抬起前腳，像鞠躬一樣慢慢地上下點頭，或是左右跳來跳去時，不妨試著邀請牠一起玩。

不過，當點頭速度較快時，就意味著狗狗對你或眼前的某樣東西懷有恐懼感。在這種情況下，若貿然接近牠，狗狗有可能會因為過於恐懼而發動攻擊，所以請務必仔細觀察狗狗頭部的動作。

另外，當狗狗的前腳抬起不動時，代表牠發現獵物或敵人，處於極度緊張的狀態。如果狗狗面對的方向有小鳥等其他寵物，在牠飛撲攻擊之前，最好先將牠移開，或者明確地告訴狗狗：「不可以！」

狗狗基本上很喜歡玩耍。出生4個月大的幼犬，只要和母親或兄弟姐妹玩耍，便能滿足運動量。最好等4個月大以後再讓小狗從事散步等戶外運動，最初先從一天1次、每次時間10到15分鐘開始。

動作 8

仰躺露出肚子，是狗狗最大限度的讓步

代表完全服從

有時狗狗會在玩耍時，做出仰躺露出肚子的動作。雖然稱不上是奉承或有禮貌，但狗狗出現這個完全服從的動作，其實是想告訴你：「我很喜歡你，百分之百信任你。」即便是狗狗會錯意，也千萬別叱責牠：「不能這麼沒禮貌！」

讓我們再仔細觀察一下狗狗仰躺時的情況。如果狗狗的表情看起來很開心，代表牠很喜歡你；但如果是把頭撇向旁邊，尾巴纏在肚子上的話，代表牠正處於相當緊張的狀態。

這是當狗狗遇到比自己強壯或體型較大的狗時，會表現出來的姿勢。把頭撇向旁邊是為了不讓眼神和對方交會，希望藉由這種方式來抑制與對方的緊張關係；而夾著尾巴則是想告訴對方：「我投降了，別攻擊我。」

對狗狗來說，柔軟的肚子就是牠最大的弱點，因為肚子上的毛相當稀少，如果遭到咬傷，有可能會成為致命傷。在可能會被殺死的覺悟下露出肚子，代表向對方做出最大程度的讓步。

有些狗狗會在這個狀態下出現漏尿的情況，這並非出於恐懼，牠只是重現小時候被母親舔鼠蹊部催尿的情景罷了；也就是說，牠想告訴對方：「我就像你的孩子，所以別攻擊我。」

有些狗狗雖然露出肚子，但一靠近就會出現想咬人的動作。這是一種讓對手放鬆警覺的欲擒故縱戰術，說得好聽點是聰明，說得難聽點是狡猾。總之，在這種情況下，忽視牠才是上策。

當愛犬露出肚子時，除了溫柔地撫摸之外，也要趁機檢查是否有硬塊。南非曾經發生一起杜賓犬吞下手機，通過手術取出的事件。在進行剖腹手術時，發現胃裡除了手機之外，還有一些小石頭。

動作 9

身體不停顫抖，是傳達討厭的心情

有時愛犬會在沒有被雨淋溼的情況下渾身發顫，或許有人會以為「大概是哪個部位發癢吧」，但這個動作也隱藏著重要的感受。

舉例來說，帶著愛犬散步時，若試圖將狗狗牽向曾經讓牠有疼痛記憶的獸醫院的方向時，牠就會出現渾身顫抖的現象，這是表達「不要，我不想去那邊！」的意思。

有些狗狗會直接以一動也不動的方式來表達自己的感受，牠知道如果表現得如此強烈，可能會惹飼主生氣，但如果勉強自己反而會承受更大的壓力，因此狗狗便試圖以這些奇怪的動作，「委婉」地告訴飼主：「我不要。」

狗狗一想到即將被帶到討厭的地方，心裡便會變得相當緊張，這時飼主只要說些讓牠安心的話，例如「沒關係」、「不用擔心」，應該就能有效緩解狗狗的緊張情緒了。

不妨試著對牠說「沒關係」

還有一些人會做出自以為關心，卻讓狗狗感到不愉快的行為，例如用毛巾或面紙擦拭狗狗的溼鼻子。狗狗的鼻子潮溼是為了吸附氣味分子，據說如果鼻子乾了，這項功能就會大大降低。狗狗想告訴我們：「喂，別這樣做好嗎？」因此這時也會出現身體顫抖的現象。

若是做出令狗狗討厭的事情時，這時最好低下頭，溫柔地撫摸並誇獎牠「好乖好乖，你做得很棒喔」、「真是了不起」，這樣便能夠讓狗狗感到滿足了。

人類用來聞氣味的「嗅黏膜」，表面積大約有4平方公分，狗狗約為150平方公分，這就是狗的嗅覺比人類出色的原因之一。狗狗對於刺激性氣味特別敏感，據說比人類敏感1億倍以上。

動作 10

狗狗舔飼主的臉是一種本能，但別成為習慣

別讓狗狗錯誤學習

飼主有時外出會將愛犬留在家裡，等回家一開門隨即便被撲倒，嘴邊也被舔得亂七八糟。

雖然如此盛大的迎接讓人高興，但卻也會弄得滿臉唾液，女性也會擔心影響臉上的妝。

狗狗這種行為，是把飼主視為母親撒嬌。因為正在撒嬌，如果趕走或責罵的話，就會讓牠失望地認為：「原來你不愛我！」接著又帶著「別這樣嘛，再多愛我一點」的心情，更努力地舔飼主的臉。

也有人會以一邊說：「好乖好乖，你是好孩子。」一邊安撫狗狗來處理這種情況。可是如果此時縱容，狗狗就會變得愈來愈興奮和暴躁，反而變得更不聽話。甚至還會讓狗狗誤以為「舔主人的臉能讓他高興」，從而養成舔臉的壞習慣。

因此當出現這種情況時，我們可以試著命令狗狗「坐下！」、「停下來！」這樣便能多少抑制狗狗的興奮感。

等到狗狗冷靜下來後，再撫摸牠的頭和背部。只要養成這樣的習慣，就不會讓狗狗產生「舔臉會讓主人高興」的錯誤觀念。

據說狗狗喜歡舔飼主嘴巴的本能，是從狼的時代流傳下來。每當幼狼舔著母親的嘴邊時，母親就會將吃過的食物吐出來，以此來餵養幼狼長大。

換言之，狗狗舔飼主嘴邊的動作，和向母親要食物的行為如出一轍。

據說狗狗是「用鼻子看世界的動物」。如果飼主身上噴了味道刺鼻的香水，或者穿著別人的衣服，狗狗就會擺出愛理不理的態度，甚至會攻擊主人。這證明狗狗多半是依靠鼻子辨別周圍的事物，而非眼睛。

動作 11

狗狗溫柔的凝視，是因為想告訴你某些事情

期待吃飯或散步

前面多次提到，當狗和人類、狗和狗之間發生眼神交會時，就會使緊張狀態升高。也因此，狗狗幾乎不會用凶惡的目光瞪著飼主；如果出現這種情況時，就代表狗狗認為飼主的地位比自己低，或者是想挑起爭端。

不過當狗狗用平靜的表情注視飼主時，意義就不同了，因為這代表狗狗此時想表達某些事情。

當狗狗的嘴裡叼著玩具時，代表「想一起玩」；叼著飼料碗代表「吃飯時間到了」；叼著牽繩或飼主的鞋子，則代表「希望帶牠出去散步」。若狗狗無精打采地抬頭望著飼主，表示牠想表達「自己的身體不舒服」。

有個名詞是「眼神接觸」(eye contact)，這是期待對方反應時所使用的視線，也是正式的心理學術語。可是不光是人與人之間會進行眼神接觸，就連狗狗也會因為抱有某種期待而和人類四目相接。能否對此做出反應完全取決於你，試著從平時開始努力，慢慢理解狗狗的感受吧。

順便一提，從人類的眼神中可以看出情感，這一點對狗狗來說也是一樣。我們可以透過瞳孔的大小和眼白的顏色，來解讀狗狗的情感。

當動物興奮時，血液中會大量產生腎上腺素，從而導致心跳加速、血壓升高，以及瞳孔放大等現象。

換言之，若狗狗的瞳孔放大或眼白布滿血絲，就代表牠正處於興奮狀態。一旦和這樣的眼神交會，就要特別小心。

叼著玩具

叼著飼料碗

叼著牽繩或鞋子

抬頭仰望

當狗狗一直緊閉著眼睛時，可能是眼睛有某些問題。在飼養多隻寵物的情況下，很有可能是在嬉戲時弄傷眼睛，有時甚至還會造成角膜破裂、眼睛流出內容物等傷害。

動作 12

毛髮豎立是預備作戰姿勢，一受刺激就有可能攻擊

看見這種狀態
就要儘快遠離

當狗狗愈來愈興奮時，背部和脖子上的毛髮就會豎立起來，這代表「我已經做好戰鬥準備」的意思。狗狗會透過豎立毛髮等方式，讓自己的身體看起來顯得較為龐大，藉此給對手下馬威。

然而這還只是第一階段。當狗狗更加興奮時，甚至連尾巴上的毛都會豎立起來，這樣一來便進入一觸即發的階段。狗狗擺出這樣的態勢時隨時都有可能發動攻擊，因此當愛犬在散步途中對別的狗狗擺出這種姿態時，就要立刻讓兩邊的狗狗保持距離。

其中，又以尾巴翹起、雙腳僵直、毛髮豎立的動作最危險。體力充沛、充滿自信的狗，會用這種姿態來表示「馬上從我的眼前消失」。無論人或狗，一旦出現在這樣架勢的狗狗面前，就很有可能遭到攻擊。

軟弱的狗會將尾巴藏在後腳之間，一邊後退一邊豎起毛髮；雖然虛張聲勢，內心卻忐忑不安，隨時藉機逃跑。此時如果不窮追猛打，故意留一條活路給牠，立刻就會逃得不見蹤影了。

順帶一提，狗狗豎起毛髮是豎毛肌產生的作用。有時飼主會忽然發現愛犬全身布滿了皮屑，這是豎毛肌將一直以來隱藏在體毛深處的皮屑抬起所導致的現象；換言之，狗狗掉皮屑其實是一種突發壓力和承受恐懼的表現。

有些飼主擔心可能是得了皮膚病，而帶狗狗去看獸醫，但根本問題其實不在於身體，而是心理，因此經常找不出原因所在。不妨試著回想一下，之前是否曾讓狗狗經歷可怕或討厭的事情吧。

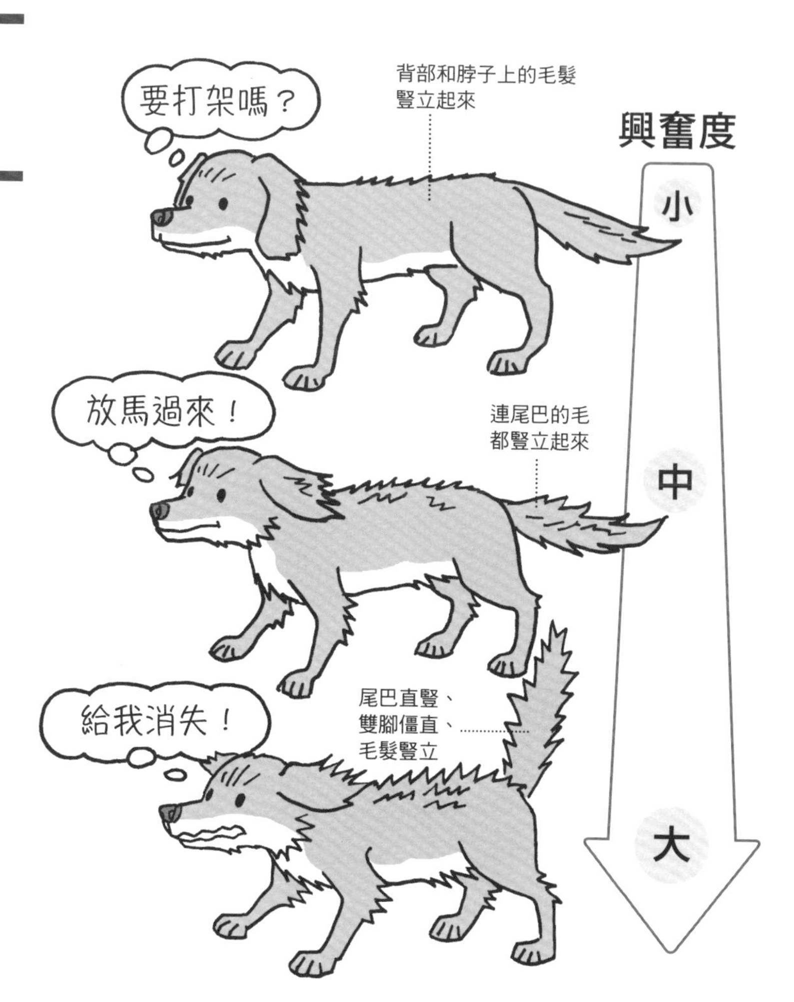

如果愛犬身上的皮屑激增，有可能是過敏所引起的。狗最常見的過敏是跳蚤過敏，跳蚤吸取血液時會釋放物質，一旦進入狗的體內後會引發全身發癢、皮膚潰爛和皮屑增加等症狀。

動作 13

四處嗅嗅代表正在找尋如廁的地方

眾所皆知，狗狗擁有非常敏銳的嗅覺。或許出於這個原因，所以狗狗總是不斷地到處嗅著氣味。

聞氣味是一種確認自己地盤的行為，狗狗會拚命確認敵人和其他狗狗沒有侵入自己的地盤。

「我們家只養了一隻狗，也沒有老鼠，所以不管牠也沒關係。」如果這麼想的話，可就大錯特錯了。因為狗狗在確定沒有敵人後，會用尿尿的方式留下自己的氣味。

換言之，當愛犬開始四處聞味道時，最好儘快帶牠去廁所。

有些狗狗喜歡在同一個地方尿尿。雖然每次都嚴厲訓斥，拚命擦拭地板，但只要稍不注意，狗狗下次還是會去同樣的位置大小便。就算人類聞不出味道，但狗狗仍會聞到尿液的氣味。

雖然對狗狗來說有點可憐，但我們不妨使用消臭劑、清潔劑或是漂白劑來擦拭地板，再噴上牠討厭的氣味，這麼做應該就能讓狗狗放棄，乖乖回到廁所大小便。

改變廁所位置時要特別注意

尤其當換了上廁所的地點，或者剛搬家不久時，狗狗常會不知道該去哪裡大小便，反而更不想在有自己氣味的地方如廁。這時只需要在廁所鋪上一張沾有其他狗少量尿液的被單即可。

值得一提的是，只要不是幼犬或老狗，狗狗通常不會搞錯大小便的地方。狗狗除了生氣之外，一定有某些原因才不在廁所如廁，不妨站在狗狗的角度仔細調查一下。

若愛犬有頻尿的現象，最好思考一下是什麼原因造成的。如果是幼犬，原因可能在於飲食習慣不佳，餵食水分過多的食物，當然會使如廁次數增加；如果是老狗，就有可能是前列腺肥大或藥物副作用所導致。

動作 14

不斷舔前腳，是不安和壓力的表現

貓狗會透過舔自己身體的方式來清理毛髮和皮膚，這種做法有時也可以清除寄生蟲或治療傷口，這項作業稱為「自我梳理」(grooming)。

雖然自我梳理是正常的行為，但一直舔前腳或是特定的部位，卻是出於壓力而產生的常同行為，最好注意一下。

狗狗之所以不斷舔身體的某個部位，是因為牠感到強烈的焦慮和壓力。出現這種行為的原因有很多，例如當家裡又來了一隻新的狗狗，全家人的注意力都轉移到另一隻狗身上；或者附近施工，導致家中一整天都有很大的噪音等等。

因為狗狗的舌頭非常粗糙，如果不斷舔同樣的部位，很快就會掉毛，形成一種名叫「肉芽腫」的發炎症狀。就算發炎現象康復，仍然容易因為一些小事而復發。

即使在狗狗喜歡舔的部位纏上繃帶，也會立刻被撕下來而無法發揮應有的效果。但若是套上伊莉莎白頸圈（為了不讓動物舔自己的腳，在牠的脖子套上以賽璐珞等材質製成的板子），又會增加狗狗的壓力和焦慮感，所以以上兩種方法都不推薦。

分散注意力 使狗狗身心放鬆

此時不妨分散狗狗的注意力，讓牠稍微放鬆緊張的情緒。例如，當狗狗開始舔腳時，就命令牠做出「坐下」、「趴下」等動作，接著暫時保持不動。只要不斷重複以上動作，就能讓狗狗忘記舔腳這件事。

這裡要特別提醒，當狗狗患有皮膚炎或關節炎時，也會有舔舐患處的現象，為了以防萬一，還是先帶去給獸醫檢查比較好。另外，掌握壓力來源對症治療也很重要。

健康狗狗的舌頭通常會呈現粉紅色，但有時會變成藍紫色。這是在承受強大壓力時才會出現的症狀，比如雷聲轟隆作響，或在散步時被大型犬追趕等等。

動作 15

狗狗其實無法理解人類詞彙的「意思」

通常愛犬學會的第一個技巧，我想十之八九都是「坐下」吧。原本用壓鼻子或拍腰部的方式，費了好大一番工夫才好不容易讓牠學會，但有時狗狗又完全不聽指示。每當遇到這種情況，有些人可能以為「狗狗只是記性不好」，但其實問題不在於狗狗，大部分都出在飼主身上。

語言是人類特有的溝通方式，聰明的狗狗可以聽懂相當多的指令，但這不代表牠真的理解人類語言的意義。

更極端地說，「倒立」這個詞也能用來命令狗狗坐下。對我們而言，「坐下」和「坐好」的意思差不多，但狗狗卻無法理解箇中含意，因此若向習慣「坐下」指令的狗狗發出「坐好」的命令，也不能順利傳達我們的意思。

重點在於指示的方式

要用哪個詞彙發號施令，全憑個人喜好而定，只要固定使用同樣的詞就好，否則就會讓狗狗陷入混亂，無法服從號令。

也有些狗狗聽見同樣的指令，卻只聽爸爸的話，完全不甩媽媽。這並不是聲音的高低或發音方面有問題，而是因為狗狗認為「爸爸是老大，媽媽的地位比自己低」，所以才會發生這種情況。

在狗狗的社會裡，居於劣勢的狗會追隨占據優勢的狗，這是一種不可改變的本能。若不注意餵食方式和態度，讓狗狗理解人類的地位比較優越的話，就無法讓牠聽從命令。

狗狗對人類語言的理解能力，據說和3歲小孩差不多，因此能理解的詞彙大概只有20到30個左右。但如果能像食物或人名，加上視覺或嗅覺等條件的話，那麼能理解的詞彙就能擴增至300個左右。

動作 16

低吼是為了主張「本狗才是老大」的地位

責罵反而會造成更強烈的反抗

對狗狗發號施令，或是想帶牠出去散步、試圖繫上牽繩時，有些狗狗會出現低吼呲牙的反應。畢竟不是狂吠或咬人的行為，所以大部分的飼主會放任不管，但其實這是引發問題行為的徵兆，必須儘快糾正錯誤才是。

首先，飼主必須弄清楚狗狗低吼的原因。低吼是一種表達權利的行為，也就是「我比較了不起，別命令我！」、「我才不聽你的命令！」的意思。

狗狗認為自己比飼主更了不起，所以如果訓斥牠「不要亂吼」、「閉嘴」，狗狗就會覺得「地位更低的你，沒有資格批評我」，於是更加抗拒。此時若伸出手來，可能就會被狗狗咬傷，必須特別注意。

這個時候必須讓狗狗知道「沒有我（飼主）的話，你就不能過著現在這種衣食無缺的生活」，使牠清楚認識到飼主的地位更為優越。

其中最有效的方法，就是拖延餵食或是外出散步的時間。

認為自己比飼主還了不起的狗狗，凡事都想要由自己決定。每當接近餵食或散步的時間，狗狗就會不停吠叫，催促飼主「快一點」。

這時若按照狗狗的步調行動，就永遠不會改變立場，所以絕對不要理會牠。只要把餵食或散步的時間延後約一小時，狗狗就會思考「為什麼事情沒有按照自己的期望發展？」進而變得急躁不安。

只要讓狗狗知道餵食和散步的時間都是由飼主安排，就能讓牠認清自己的立場。

為了讓狗狗認清飼主才是老大，將狗狗夾在兩腿之間使其仰躺，維持這個姿勢暫時保持沉默，也是一種有效的方法。這樣一來，就能讓狗狗知道不能按照自己的意願恣意行動。

飛撲是快樂的表現，但可別成為習慣

可能使主從關係逆轉
要以無視的態度因應

有時當我們呼喚「〇〇，過來！」時，狗狗就會高興地飛撲過來。雖然狗狗沒有惡意，但大型犬撲過來時，很可能會造成飼主受傷，這樣的行為可說是相當危險。

狗狗撲向飼主的舉動，是「高興」、「開心」、「希望一起玩」的情緒表現，因此飼主若是對狗狗飛撲的行為採取嚴厲訓斥的態度，就會讓牠認為「原來不能覺得快樂」，繼而變成無法坦率表達自己心情、性格膽小的狗。

然而，飼主也不能用懇求的態度或摸摸頭的方式，試圖讓狗狗停下來。這麼做會使狗狗變得更加興奮而無法控制自己，狗狗會以為「原來飛撲會讓主人高興！」進而養成飛撲的壞習慣。

狗狗撲向人類的另一個原因在於想占據優勢。狗狗會盡可能地跳高，有時甚至會用俯視的角度來對待飼主。

總而言之，最有效的方法就是忽視狗狗這種行為，避免和狗狗眼神交會，保持眼睛朝上或轉向一旁。飛撲是一種渴望被人接受、希望得到認可的行為，一旦遭到忽視，狗狗就會露出困惑的表情而停止飛撲。

如果這麼做仍然無法阻止牠的話，那麼就轉過身去，或者立刻離開現場，待狗狗冷靜下來後再和牠說話或是摸摸頭，讓牠知道飛撲是沒有好處且無意義的舉動。

狗狗的後腿結構與人類大不相同。狗相當於人類大腿的部分緊貼著軀幹，膝蓋就位於軀幹下方，向後彎曲的部分叫作飛節，相當於人類的腳後跟。因此從人類的角度來看，狗其實是踮著腳尖站立。

動作 18

下巴貼著地面睡覺是為了保護自己

靠骨傳導捕捉微弱的聲音

仔細觀察狗狗睡覺時的姿勢，你可以發現狗狗經常把下巴貼在地板上睡覺，這是為了察覺敵人或獵物接近才會擺出的最佳睡姿。

人類或動物走路時，會經由地面傳導輕微的震動，狗狗便能透過下巴來捕捉地面傳來的震動。可能有人會懷疑下巴是否真有如此靈敏，不過下巴是由堅硬的骨頭所組成，即使是微弱的震動，也能清楚地傳遞給大腦。這種透過骨骼將微弱的震動直接傳遞到大腦的機制，就叫作「骨傳導」。

就算躡手躡腳接近，狗狗仍會立刻甦醒，這就是因為骨傳導發揮效果所致。狗狗不但能利用骨傳導來防止耳朵疲勞，也可以讓耳朵集中注意力在其他聲音上。雖然看似睡得舒舒服服，但總是隨時保持警戒。

有時狗狗會在門鈴響起前就察覺到家人回家，這個現象也可以用骨傳導來解釋。儘管我們感覺不到，但狗狗卻能捕捉到人類靠近門口的微弱震動。除此之外，每個人走路的方式都有自己的特點，這使得狗狗很快就能分辨出是誰引起的震動。

另外，據說有些狗狗也會利用骨傳導，敏銳地察覺到地震。

發生地震時，會先傳來一種命名為「P波」的震波，P波會引發人類察覺不到的微小震動，隨後而至的S波則會造成嚴重的破壞。因為P波的傳遞速度是S波的兩倍，所以當狗狗利用骨傳導捕捉到微弱的搖晃之後，就會知道大地震即將來臨。

有些狗狗似乎能比P波更早一步預知地震。舉例來說，在阪神大地震時，便有許多關於「愛犬在地震前夜非常排斥進屋」、「平時溫馴的狗狗狂吠不止」的傳言，這難道是科學無法解釋的能力嗎？

動作 19

屁股緊貼著飼主，證明狗狗非常安心

只有深深信賴才會表現的姿勢

若各位在寒冷的季節到動物園參觀，可以看見獼猴靠在一起取暖的景象，日本人便是根據猴子圍成圓圈取暖的形狀而稱為「猿糰子」。仔細一瞧，可以發現大部分的猴子都是面向外側；換言之，猴子是將屁股和背部靠在一起。

事實上，狗在野生時代的體型也和猴子相去不遠，所以當一群狗在睡覺或是休息時，會將屁股緊貼在一起。

據說野生動物彼此間之所以將屁股和背部緊緊貼在一起，是為了警戒周圍的環境。雖然有些動物的視野比人類寬廣許多，但是仍然不易察覺到來自背後的攻擊。對狗狗而言，一旦後腳受傷就無法跑動，所以一定要想盡辦法避免下半身受到攻擊，因此同伴之間會互相保護重要的屁股以及後腳，藉以消除看不見的死角。

不僅在緊急時可迅速撲向敵人，也能向前猛衝脫逃。這個大家互相緊貼屁股的方式不但攻守俱佳，就連撤離也很方便，可說是最理想的陣型。

不過，當狗狗坐下，或是在家時將自己的屁股靠在飼主身上，就代表牠現在非常放鬆。換言之，狗狗是透過把要害靠在飼主（老大）身上的方式，來獲得安全感。

順帶一提，若非信賴飼主，狗狗是絕不可能擺出這種姿勢。如果是完全不聽話、難以馴服的狗狗擺出這個姿勢，可以認為牠正向你敞開心扉。

當飼主帶著狗狗散步或自由奔跑時，可能會遇到愛犬被其他的狗狗追趕，甚至差點遭到攻擊的情況。這時就要趕緊把牠抱起來好好保護，這麼一來，狗狗就會增加對你的信賴感了。

動作 20

只有非常快樂或困擾時，才會轉移視線

若搭配搖尾巴的動作
就不要責罵牠

明明前一刻還盯著飼主看，卻不知道哪根筋不對，突然撇頭轉移視線。當人類出現這樣的舉動時，有可能是「正在撒謊」、「話題內容不太適當」，但狗狗的情況卻不太一樣。

首先能想到的原因是，狗狗認為飼主的地位比自己高。群居動物不會和階級比自己高的動物四目相對，這是為了避免爭鬥，從飼主身上轉移視線也是出於同樣的原因。

不過，狗狗非常高興時，有時也會出現轉移視線的舉動，在受過良好教育的狗狗身上更能看出這一點。舉例來說，當狗狗發現飼主手裡握著牠最愛吃的零食，或是拿著最喜歡的玩具球時，狗狗有時會一邊搖著尾巴，一邊把頭撇向一旁。

沒有教養的狗狗可能會搖著尾巴撲過來，或者不停舔飼主的臉；有教養的狗狗會故意移開視線，努力壓抑自己的興奮感。

雖然狗狗轉移視線難免令飼主感到心裡不太舒服，但如果看見狗狗搖著尾巴的話，就表示牠正在努力壓抑情緒，所以千萬不要斥責牠。

另一個可能性是，當狗狗遇到麻煩，或是被命令做不擅長的事時，這和人類有事情要做卻充耳不聞一樣。如果狗會開口說話，我想牠應該會裝傻問道：「咦，你剛才說什麼？」

在這個情況下，狗狗的尾巴不動，可以看出和壓抑興奮時的表現不同，所以很容易判斷出狗狗現在是什麼心情。

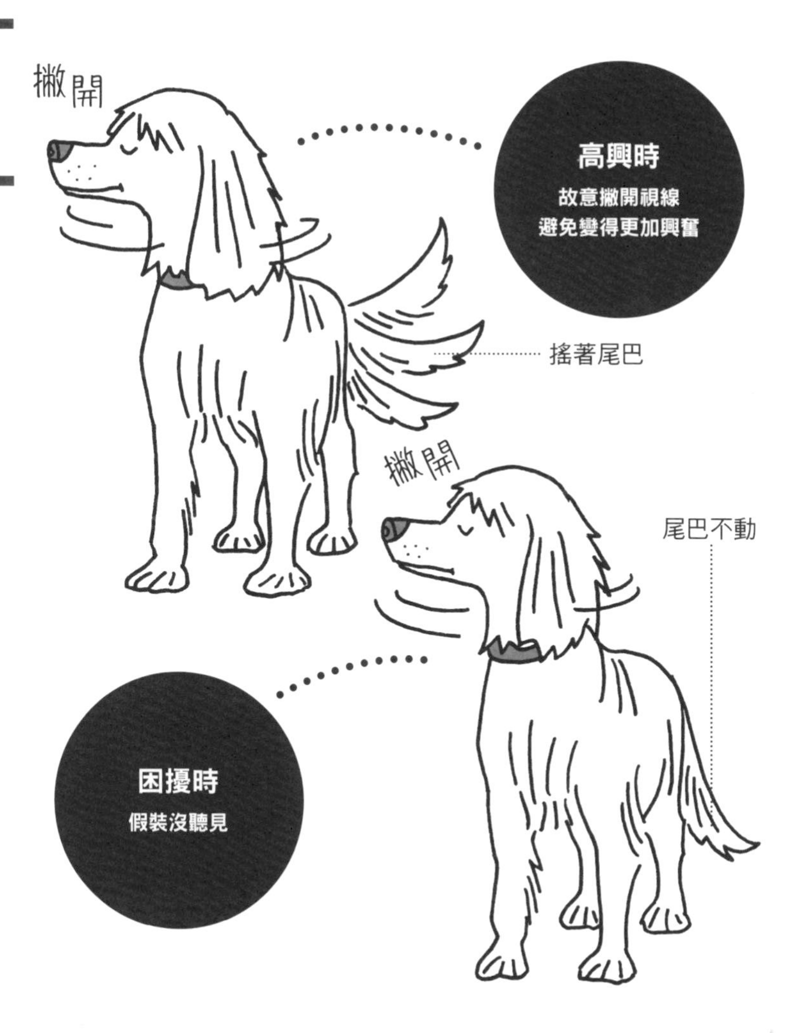

貓狗通常都不喜歡小孩子，因為小孩子聲音高、動作大。高亢的聲音會讓狗狗興奮，而大動作則會使狗狗產生「不知道他會做出什麼事」的恐懼感。

動作 21

短腿狗會在樓梯前方發呆，是因為眼前彷彿懸崖峭壁

硬拉牽繩強迫行動
其實非常殘酷

與愛犬散步時，有時狗狗會在樓梯或台階前停止動作，這個原因多半和過去的心理創傷有關。例如曾被硬拉上樓梯，或從樓梯摔下來而受到嚴重撞擊。一旦有過這些不好的經驗，恐懼感就會深植在狗狗的腦海裡揮之不去。

即使從未讓狗狗面對這類經歷，但是像臘腸犬和柯基這類短腿的犬種，也會有不喜歡爬樓梯或上台階的傾向。

這些犬種當中，有些狗的腳甚至僅有十公分長，即使高度落差不大，在牠們眼裡也宛如懸崖峭壁。

如果愛犬在陸橋或台階前停下腳步，主人仍然嚴厲地斥責：「快點走！」這樣未免太可憐了。用強拉牽繩等方式迫使狗狗前進，實在是相當殘酷的一件事。這麼做可能會讓狗狗摔下樓梯，假使又造成刻骨銘心的疼痛，之後說不定一看到樓梯，就會頭也不回地逃跑。

只有這樣還算幸運，若是吉娃娃或博美犬這類基因上骨質較弱的犬種，可能還會導致骨折。飼主別覺得保護過度，建議還是抱著愛犬上下樓梯比較好。

在有樓梯的室內環境養狗也要注意，尤其當地板或樓梯鋪有大理石或瓷磚時，狗狗更容易因此滑倒、摔倒或扭傷。

為了防止發生這類事故，最好在樓梯前方安裝防護欄，或者做好防滑措施。不過防護欄可能需要稍微改造一下，特別是針對人類嬰兒設計的防護欄，下面通常會有開孔，可能會讓狗狗從這裡鑽出來。

近年來，狗的壽命也開始增加，有很多狗都活了超過10歲以上，和這樣的老狗散步時，必須注意有樓梯或台階的地方。狗超過7歲時會罹患骨質疏鬆症，骨折的風險會急劇上升。

動作 22

即使認真盯著電視，也不代表狗狗了解播放內容

也有對電視不感興趣的狗

每當我們切換電視頻道，可以發現愛犬有時會認真地「觀看」某個特定節目。飼主喜歡將自己的愛犬擬人化，所以往往會認為「狗狗看得懂節目內容耶」、「原來狗狗喜歡這位偶像」，可惜事實並非如此。

狗狗之所以盯著電視不放，只是因為影像正在移動的緣故。狗在很久以前是以狩獵為生，因此比起靜止不動的東西，更擅長觀察移動的東西。

可是屋內會活動的東西有限，所以狗狗只能糊里糊塗地過生活。因此當電視上出現劇烈活動的影像時，會使狗狗感到十分高興。

雖然光看會動的影像就能獲得滿足，但狗狗更喜歡播放有關動物或狗狗的節目。若飼主覺得愛犬「無精打采」時，不妨讓牠看看有狗登場的節目吧。

不過比起影像，有些狗反而對聲音更感興趣，或者根本對電視提不起勁。如果飼主強行把狗狗帶到電視機前告訴牠：「你看，電視上有你的同伴耶。」這麼做反而會讓牠對電視反感，因此還是讓狗狗按照自己的意願吧。

此外，狗狗過於興奮時也需要注意。當電視上出現狗的身影或吠叫的場面時，有些狗會瘋狂地撲向電視，甚至把電視撞倒摔壞。最近的電視螢幕已經變得相當輕薄，但是超過三十吋的電視仍有幾十公斤重，一旦倒下來，有可能會導致飼主或愛犬受傷。

為了避免發生這樣的事故，看電視時一定要教育狗狗坐下，若牠想站起來，就要嚴厲地斥責。

第 2 章

從習慣看出
狗狗的感受

習慣 1

嚎叫是「寂寞」的表現，需要適時表達關心嗎？

嚎叫行為是表達孤獨的心情

當我們在電影中聽到狗的嚎叫聲，會產生不寒而慄的感覺，這樣的氣氛讓人感覺隨時都可能遭受流浪犬的襲擊。

然而嚎叫卻是「寂寞」心情的一種表達方式，就算這頭狗撲向路人，也並非有意要攻擊他，很有可能只是想要表達「終於遇到人類了，我好高興」的喜悅之情。

即使生活在城市裡，也時常可以聽見從某個地方傳來的狗嚎聲，我想一定是狗狗的主人比平時更晚回到家的緣故吧。狗狗就是抱著這樣的寂寞心情，一邊想著「主人怎麼還沒回來」，一邊大聲嚎叫。

據說狼的嚎叫也是因為感到孤獨的緣故。狼基本上屬於群居動物，但有些狼會因為某種原因而離開狼群，這些狼就會用嚎叫的方式告訴大家「我好孤獨」、「我在這裡，大家過來好嗎」。

如果大家都能這樣想，在恐怖電影中聽到狗的嚎叫聲就不會感到那麼害怕了。

順帶一提，當狗感到悲傷或孤獨時，有時也會發出「嗚嗚」的吶喊聲。

一般來說，犬吠聲的音調愈高，代表恐懼或焦慮的情緒愈強烈。比方狗狗打輸落荒而逃時發出的哀嚎聲就是典型的例子。

相反地，低沉的吼聲代表憤怒。當狗發出「吼」或「嗚」的低吼聲時，貿然接近就可能會遭受攻擊，必須小心。

日本神話「山幸彥與海幸彥」中描述，有一群保衛宮廷之人會模仿狗的嚎叫聲，名叫隼人；此外，朝中掌管軍事的一族又名為犬養連。從這裡可以看出日本古代的大和朝廷，將狗視為重要的軍事和警備力量。

習慣 2

狗狗在院子裡挖洞是野生時代的本能

日本民間故事「開花爺爺」中有段內容提到，愛犬用著彷彿提示著「快挖這裡，汪汪汪」的語氣一邊吠叫一邊挖地，所以老夫妻試著向下挖掘，結果挖出各種大小的金幣……。

我想在院子裡養狗時，各位應該有過類似的經歷吧？只不過狗狗沒有挖出金幣，反而讓花園和草坪變得凌亂不堪。有幾個原因可以解釋為何狗狗會把花園弄得到處坑坑洞洞。

第一個是出於本能。當狗以野生動物的身分生活時，經常出現雖然今天捕獲獵物，但下一頓還沒有著落的情況，因此後來便養成把吃剩的獵物藏進土裡的習慣，以便飢餓時享用。經年累月之下，這樣的習慣逐漸深植於狗的腦海而成為一種本能。

比如餵食愛犬大量的食物時，牠就會挖洞將多餘的食物埋藏起來，這樣的行為就是最好的證明。

有時也是為了消磨時間

第二個原因是為了消磨時間。人類感到無聊時，還有電視、雜誌和電腦等娛樂活動，而狗狗則是會挖洞來打發時間。如果飼主察覺「最近狗狗突然開始在院子裡挖洞」，只要延長散步時間或給牠新玩具，透過這些方式分散注意力，就能減少挖洞的頻率。

第三個原因是狗狗喜歡樹根的香氣或泥土的觸感。人類聞不到樹根的氣味，但對於嗅覺敏銳的狗來說，這個味道就有如香水般芬芳。無論是人類或狗，對於氣味芳香的東西都會忍不住一聞再聞。

另外，有些犬種天生就是挖掘巢穴驅趕狐狸等動物的好手，只要一接觸到泥土，就會突然想起自己的天賦使命和絕技，開始猛烈挖洞。不管出於哪種原因，我們對狗狗挖洞的行為似乎無計可施呢。

狗狗挖洞的原因

❶ 本能

❷ 消磨時間

❸ 感受樹根的香氣和泥土的觸感

㹴犬類為喜歡挖洞的代表犬種，㹴犬的英文「terrier」一詞源自拉丁語的terra，為地球和大地的意思，所以牠們當然對泥土情有獨鍾。如果是對園藝感興趣的人，或許放棄養㹴犬比較好。

習慣 3

即使狗狗吃大便，也不要對牠生氣

帶愛犬散步時，會發現牠對其他貓狗留下的糞便表現出強烈的興趣，明明平時都很乖巧，但這時無論怎麼拉牽繩也完全不聽主人的話。

假使只有這樣倒還能接受，但下一秒狗狗卻直接一口咬下！也有些狗狗不吃其他貓狗的糞便，反而比較偏好自己的。無論是哪一種情況，對飼主來說一定是很大的打擊。

有些飼主會開始擔心：「該不會狗狗的身體有哪裡異常吧？」確實，世上有一種叫作「食糞症」的疾病，但是狗狗吃大便並非什麼稀奇的事。

糞便是不乾淨的穢物——這終究只是人類的邏輯，狗狗可不吃這一套。狗本來就具備撿東西吃的本能，這是從野生時期忍耐飢餓而沿襲至今的能力，當狗狗看到氣味強烈的糞便時，就會喚醒這項本能，於是在不知不覺間大口咬下。

事實上，貓的糞便往往含有豐富的營養，這對狗來說可是難得的大餐，但我們也不能就這麼視而不見。若是忽視這種食糞行為，可能會讓愛犬感染寄生蟲和病菌，還是得特別注意才行。

狗狗嗜吃糞便的性格，多半是在幼犬時期形成。幼犬對一切事物都感興趣，也因為經常在自己的糞便上玩耍，逐漸被這種氣味吸引，進而一口吞下肚裡，最後變得無法自拔。

為了不讓狗狗養成嗜吃糞便的習慣，飼主從幼犬時期就要勤於清理糞便。另外，如果飼主對狗狗沒有定點上廁所的行為過分責備，也會讓狗狗為了消滅證據，反而養成吃糞便的習慣。

勤掃廁所
解決糞便難題

關於狗狗吃糞便的原因還有幾種假設。有一種說法認為狗是透過吃階級較高的狗的大便，來表達服從之意；還有一種說法是透過吃糞便，能夠補充身體所需的維生素B和維生素K。

習慣 4

如非必要，狗狗不會沒事亂吠

只是偶然經過別人家門口，卻有一隻狗不斷對你狂吠，這就是常見的「沒事亂吠」行為。

若是在清晨或是深夜遇到這種情況，不僅會讓人為之氣結，鄰居也會大發牢騷，對主人來說也是一大困擾。

然而，「沒事」不過是人類一廂情願的想法，狗狗不會做無謂的事情。正因為有其需要，狗狗才會做出吠叫的舉動。

狗吠叫的原因有好幾種，但無緣無故吠叫是出於防衛本能或警戒心。只有人類會認為「只是經過別人的家門口，哪可能造成危險」。但如果狗能說話，可能會回答說：「家門前的道路也屬於我的地盤，只要有陌生人闖進來，我就會大叫警戒。」

人類最初馴化狗的原因之一，就是希望牠能幫忙「看家」。養在院子裡的狗會想起很久以前守護家和主人的記憶，所以每當有人靠近時，狗就會敏銳地察覺，接著開始「汪汪」大叫。

為了保護家和主人而採取的行動

狗將這個警衛行為視為己任，希望得到主人的稱讚，但實際上卻往往受到責難。這樣的壓力導致狗沒事亂吠的情況有增無減。

若想制止狗狗亂吠的行徑，就得讓牠習慣有人靠近，重點是要不斷地堅持訓練。狗狗一旦開始吠叫，飼主就要發揮指導的功用，立即讓牠安靜下來，久而久之就能改掉這個壞習慣了。

飼主必須制止愛犬沒事亂吠的行為，絕不能讓牠為所欲為。狗狗之所以不聽管教，是因為不清楚自己的地位；狗狗自認自己很了不起，所以才會用汪汪大叫的方式，向飼主和家人提出要求。

習慣 5

狗狗失禁具有「我服從你」的含意

其實是想得到主人的愛

在養狗的過程中，除了吠叫之外，「味道」也是一件讓人煩惱的事。近年來儘管坊間出現高科技的便盆，大大改善了惱人的氣味問題，但「失禁」卻令人防不勝防。

一般人聽到失禁，大多會聯想到幼犬或老狗，但對狗狗來說，即使是體力和智力完全沒有問題的成犬，也會出現失禁的問題。

狗狗大致會在兩種情況下出現失禁，第一種是感到恐懼時。例如當飼主大發雷霆，或散步時遇見大型犬並受到威脅時，就會出現失禁現象。這是一種「我承認你的地位比我高，所以不要傷害我」的情緒表達方式。

在大庭廣眾下或是在另一隻狗面前失禁，對狗來說也是一種恥辱，有時狗狗反而會利用這種方式，來表達「如你所見，我是沒出息的傢伙，不會挑釁你」的想法。

除此之外，狗狗高興時也會出現失禁現象。如果是害怕還能理解，但為什麼高興時也會失禁呢？其實個中原因和害怕時一模一樣。

有句俗語說「愈差勁的孩子愈討人喜歡」，狗狗就是透過「做得不好」、「表現差勁」這樣的表演方式，來贏得主人的愛。

畢竟出發點不是帶有惡意，所以飼主不要對狗狗動怒，也不要抱怨，默默把尿液擦拭乾淨。日後只要察覺狗狗「似乎快要失禁」時，就默默地帶牠上廁所就好。

遛狗時有些東西不可不帶，比如塑膠袋就是其中之一。有些飼主會習慣用鏟子將愛犬的糞便埋進土裡，但這樣的行為有失道德，請各位飼主記得愛犬的糞便一定要裝在塑膠袋裡帶回家。

習慣 6

絕不能縱容狗狗對飼主的騎乘行為

不要責罵
只須保持無視

有時狗狗會緊抓某樣東西，做出擺腰的動作，無論公狗或母狗都會做出這種騎乘動作。雖然這個動作不太雅觀，但若是對其他的狗或玩偶做出騎乘動作，還不算是問題行為。

擺動腰部的動作不免令人聯想到性行為，但騎乘只是階級較高的狗向階級低下的狗確認地位時所做出的動作罷了。狗狗會透過這樣的動作，明確地劃分地位，避免無謂的紛爭。

對玩偶做出騎乘動作也是表示「我的地位比較高」的意思，雖然看起來不太雅觀，但飼主不妨默許狗狗這種行為，沒有必要責罵牠。

可是當狗狗緊緊抓住飼主的手臂或大腿做出騎乘動作時，此時絕對不能縱容，因為這是狗狗主張「自己的地位比飼主高」的表現方式。

如果允許這種行為，狗狗就會開始出現沒事亂吠、咬飼主、不服從命令等問題行為，所以最好注意一下。

當狗狗準備做出騎乘動作時，飼主就要默默離開，假裝視而不見。如果對狗狗大罵「喂！」、「不行！」反而會使牠變得更加興奮，所以最好保持沉默。過了大約十分鐘後再若無其事地回來，就能讓狗狗明白「主人的地位比較高」這個道理。

如果是不聽從主人指示或命令的狗，我們也能反過來用騎乘動作來對付牠。例如蹲下按住狗狗的腰，或在遊戲時將牠壓倒在地，藉由這種方式讓狗狗知道飼主的地位比較高。

如果愛犬在散步時咬傷人，首先要協助用水和肥皂仔細清洗傷口，接著送醫治療，並且儘速通報所在地的動物防疫機關，配合隔離愛犬，以確定攻擊人的狗是否患有狂犬病。

習慣 7

散步時對其他狗吠叫，是欠缺社會化的表現

每個家庭的散步時間大同小異，因此幾乎隨時都能見到遛狗的人。畢竟同為愛狗人士，經常初次見面就能聊得特別起勁，因此似乎有不少人在遛狗時都期待這樣的邂逅。

不過，也有些飼主希望路上不要遇到任何人，若詢問其中原因，大多數的人會回答：「因為愛犬會對其他陌生的狗吠叫。」

愛犬對其他狗吠叫的理由很多，最常見的原因是狗狗非常緊張。

狗原本就是群居動物，然而有不少狗一出生就離開父母和同伴，獨自成長。這些狗沒有學習社交的機會，當遇到其他狗時不知道該如何應對，緊張得不知所措，所以不由得狂吠起來。

另一種原因可能是心理創傷。

也可能隱含心理的創傷

若愛犬在幼犬時期曾受到其他狗的攻擊，就會留下心理創傷，對其他的狗產生極端的恐懼感，繼而養成不停吠叫的壞習慣。這時如果主人又大罵「不准叫」，反而會增加狗狗的不安和恐懼，吠叫得更厲害。

若愛犬屬於這種類型，那麼飼主只需要在其他的狗靠近時，命令愛犬「坐下」即可。狗狗坐下的行為能夠給對面的狗帶來安全感，自然不會引發吠叫或主動攻擊。

如果愛犬能保持不吠叫，安靜目送其他狗離去，就要好好地讚美牠一番。這麼一來，狗狗就會知道「如果坐下保持安靜，便能得到讚美」的道理。

有時愛犬會因為其他狗狗接近而興奮過度，甚至直接逃離現場。這時飼主不妨求助附近的政府機關、警察局或衛生所，確認狗狗是否得到收容安置。只是這些單位的安置期間有限，飼主一定要在第一時間快點行動。

習慣 8

鈴聲一響就吠叫，只是單純的條件反射

狗狗自己也不知道為什麼想吠叫

有些狗在門鈴響起時一定會吠叫，雖然飼主一開始會覺得「可以知道有客人來很方便」，但每次狂吠反而令人覺得很吵。有不少飼主想阻止愛犬這種行為，卻不知道該在什麼條件下才能讓狗狗安靜，因此絕大部分的人都束手無策。

俄羅斯的生理學家帕夫洛夫（Ivan Pavlov），透過實驗發現只要在狗聽見鈴聲的同時反覆餵食，日後只要聽見鈴聲就會開始分泌唾液的「條件反射」現象。門鈴響起便開始吠叫也是條件反射的一種，就連一開始抱著「有人來了」的警戒心而吠叫的狗，重複經歷過幾次之後，可能連牠自己也忘記吠叫的初衷。

吠叫能夠讓狗狗變得更興奮，因此這時若是大聲訓斥，反而會讓牠吠叫得更加厲害，甚至還會撲向客人。對於討厭狗狗的人來說，想必沒有比這更恐怖的情況了。

為了不讓愛犬興奮狂吠，需要兩個人一起訓練牠。首先由其中一人按門鈴，當狗狗聽到「叮咚」的聲音而開始吠叫時，必須視而不見；對狗而言，忽視是比責罵更嚴厲的懲罰。等到狗狗停止吠叫後，就給予獎勵或摸摸牠的頭。

當愛犬在門鈴響起時邊吠邊跑到門口，這時飼主先別開門，要假裝視而不見。重複多次之後，狗狗就會知道「當門鈴響起時，只要不吠叫或奔跑，就會得到獎勵」。換言之，我們也可以透過相反的操作完成條件反射。

所謂的「條件反射」，是指反覆給予與反射行為無關的刺激，從而導致只有這種刺激才能產生反射的現象。例如餵食時讓狗狗聽特定的聲音，長久下來只要一聽到這個聲音，狗狗就會開始不由自主流口水。

習慣 9

訓練如廁失敗，可能是廁所離狗窩太近

厭惡氣味
也是本能之一

訓練大小便可以說是養狗最重要的事項之一。雖然養在室外的狗狗多半都是在散步的途中順道排便，但是有些狗狗並不會在外面大小便，也不會在規定的地方上廁所。

如果愛犬出現絕不在廁所大小便的傾向，有可能是因為不喜歡上廁所的位置。比如上廁所的地點就在狗窩旁邊。

野生時代的狗是生活在洞穴當中，在洞穴如廁會產生濃烈的氣味，也會導致衛生條件不佳，所以牠們習慣在離洞穴稍遠的地方大小便。換句話說，狗狗不喜歡自己的窩離上廁所的地方太近。

可是當飼主發現不管廁所離得多遠，狗狗仍一直無法做到定點大小便時，就要提醒牠。等到發現地板上有尿液和大便時才提醒就太遲了，務必觀察狗狗大小便的情況，直到牠如廁完畢為止。

每當發現狗狗又想隨意大小便時，可以拿量尺敲地板，發出聲音讓牠嚇一跳，藉此達到提醒的效果。和其他情況一樣，對狗狗發脾氣只會適得其反，最好在提醒狗狗後，再帶往固定大小便的地點，讓牠知道該在哪裡上廁所。

不管怎麼說，狗狗會隨意大小便，也都是因為飼主飼養在室內，卻不教導狗狗上廁所的放任態度所造成，所以必須將狗狗關在屋內，定時到戶外上廁所，過一會兒再回到屋內，重複以上的步驟來幫助狗狗慢慢養成習慣。

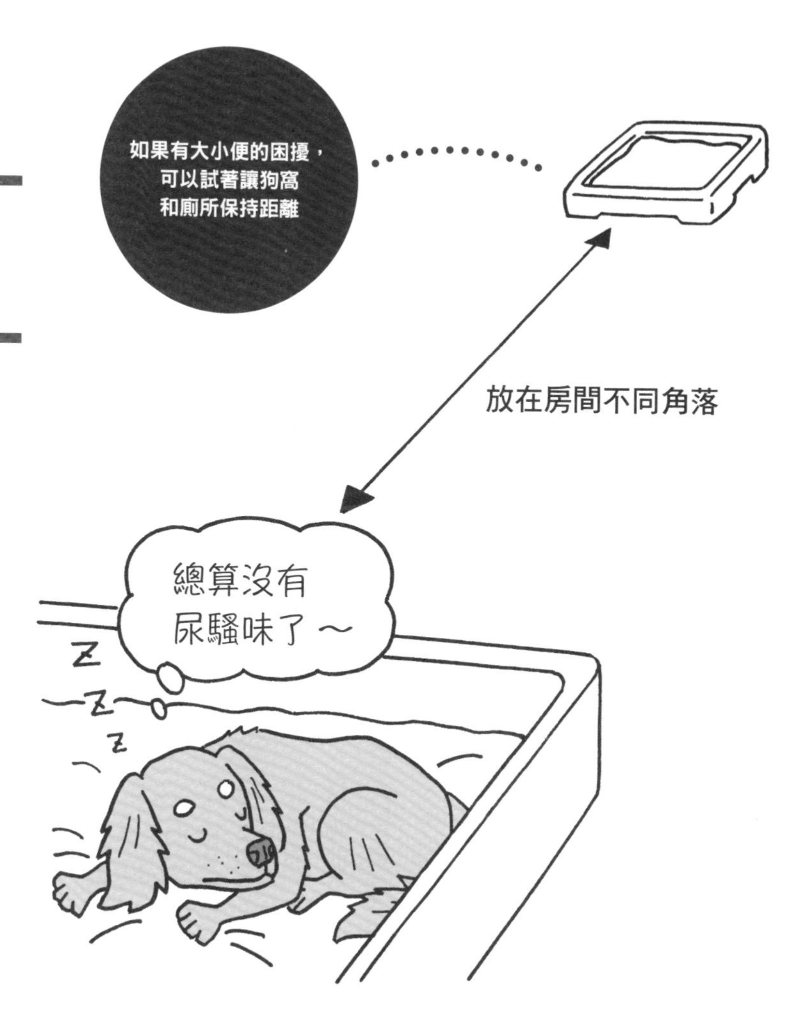

據說很多飼主是在狗狗出生後2個月左右開始訓練大小便，這時幼犬的智商和人類的3歲小孩差不多，如此幼小的年紀，即使上廁所失敗也是理所當然的事，所以不要著急，一步步耐心地教導。若飼主不耐煩，反而讓狗狗更不易學會。

習慣 10

即使是喇叭聲，也可能造成內心創傷

從小聲音開始讓狗狗習慣

有些平時相當溫馴的乖狗狗，散步時只要一聽到汽車喇叭聲就會馬上發狂，或者趴下來動也不動，這種情況有可能是條件反射所造成。

被車輾過或差點被輾過的狗狗，會把當時聽到的喇叭聲與身體的疼痛及恐懼連結在一起，每當聽到「叭」的聲音，身體就會自然出現反應。

不過，有時疼痛和恐懼的經歷，和聲音並沒有直接關係。舉例來說，若狗狗受到嚴厲斥責時，飼主正好在使用吸塵器，那麼吸塵器的聲音就會和被斥責的記憶連結起來，之後每當聽見吸塵器的聲音時，狗狗就會嚇得魂飛魄散。另外，也有不少狗狗天生就害怕吸塵器的聲音。

這時，讓狗狗習慣這些聲音就變得非常重要。把狗狗討厭的聲音記錄在錄音筆裡，當牠在狗窩放鬆時，就把音量降低放給牠聽，之後再漸漸把音量調大，讓狗狗適應這種聲音。

讓狗狗聽不喜歡的聲音，直到習慣到某種程度的音量之後，再給牠最喜歡的零食，讓牠知道「只要聽到這種聲音，好事就會發生」。比如散步時聽見喇叭聲或打開吸塵器，這時只要拿點零食給牠，就會有不錯的效果。

相反地，如果對嚇得動彈不得的狗狗安撫說「沒關係有我在」，或是做出用身體保護的動作，有時反而會適得其反。

因為這時和狗狗說話只會增加牠的恐懼感，連結到不好的方向，反而讓牠永遠無法適應這些聲音。

有些狗狗只要一聽見救護車或是消防車的鳴笛聲，便會開始大聲吠叫。這是因為鳴笛聲和吠叫的頻率相近，使得狗狗不由自主跟著狂吠。此外，狗通常不喜歡煙火或打雷這類瞬間爆發的巨大聲響。

習慣 11

多虧生物磁鐵和嗅覺，就算迷路也能回家

迪士尼有一部動物電影名叫《一貓二狗三分親》（*The Incredible Journey*），故事描述寄養在熟人家中的兩隻狗和一隻貓，同心協力行走三百公里，最終平安回到家中的冒險故事。

雖然距離長短不一，但有時生活中也能見到不少類似的傳聞軼事，也經常撰寫成感人的新聞來報導。話說回來，為什麼狗狗能夠從很遙遠的地方找到回自己家的路呢？

原因就在於生物磁鐵和嗅覺這兩種功能上。生物磁鐵是感知地球磁場的身體機制，事實上我們至今仍不知道究竟是哪些器官發揮作用，不過擁有這種能力，就能像指南針一樣分辨東西南北。像蜜蜂、鮭魚、候鳥這些生物都以具備生物磁鐵著稱，狗的體內似乎也存在這樣的機制。

也有人認為，狗狗平時會在家裡確認太陽和月亮的方向，透過一邊回憶、一邊利用生物磁鐵的方式，找出回家的方向。

當狗狗來到家附近時，再改用嗅覺尋路。據說狗的嗅覺是人類的一億倍以上，因此能敏銳地嗅到微弱的大小便標記和隨風飄來的家中氣味，指引牠該往哪個方向前進。

話雖如此，最近迷路的狗卻有增無減。我想或許是因為狗狗已經習慣在屋內過著悠閒的生活，才導致生物磁鐵和嗅覺逐漸衰退。為了安全起見，最好還是為愛犬植入晶片，以免狗狗走失。

像指南針一樣
可以分辨東西南北

迷路也能回家的兩大功能

生物磁鐵	敏銳的嗅覺
可感知地球磁場的機制	狗的嗅覺是人類的1億倍以上 再微弱的氣味也不放過

有一說指出狗的「方向細胞」能夠幫助牠找到回家的路。方向細胞是指感覺系統中負責感應，以及記錄朝哪個方向移動多少距離的腦細胞，牛津大學的研究員聲稱實際發現了這種記錄細胞。

習慣 12

母狗咬住幼犬的嘴巴，是一種斯巴達式教育

幼犬的教育就由母親負責

近年來，由於飼養環境的問題，即使是帶有血統證明的狗，也經常進行絕育或避孕手術，只有少數飼主有幸親眼目睹愛犬生產時的美妙過程。

然而觀察母狗教育幼犬的做法，許多飼主心中不禁產生許多疑問。例如，有時會看見母狗咬住幼犬的嘴巴吼叫，幼犬狀似痛苦地哀嚎，難免讓人有些擔心，但母狗生氣的樣子又讓人退避三舍，貿然靠近說不定會遭到攻擊，所以只能靜觀其變。

遇到這種情況其實各位不用太過擔心，這並非虐待行為，只是母狗教養幼犬的舉動罷了。母狗咬住幼犬的嘴巴低聲咆哮，只是在告訴牠：「不能這麼做！明白了嗎？」

如果此時訓斥母狗叫牠住手，那麼原本正在盡母親義務的母狗就會承受很大的壓力，也會讓幼犬失去了解事物好壞、規矩和禮貌等學習機會。

雖然在人類看來這是一種體罰，但是狗既沒有手也沒有語言，所以只能靠嘴巴來教育。

有些狗在散步時會突然攻擊其他經過的狗，正是因為小時候沒有從母親身上完全學會狗狗世界的規矩所致。為了避免日後出現這種問題行為，飼主應該放手讓母狗好好教育幼犬。

順便一提，儘管母狗看起來像是用力地緊咬，但是其實都有拿捏好力道，不太可能會讓幼犬受傷。而這件事情就由身為飼主的我們，代替母狗傳達給幼犬知道。

**母狗教育幼犬時
千萬別阻止牠，
在旁靜靜守護即可**

不能這樣，
知道嗎？

知道了

生產30天後，母狗會開始討厭餵奶，這是因為幼犬長出乳牙，吸吮時會用牙齒咬住乳房，所以讓母狗哺乳時感到非常痛苦。飼主只要察覺到這種轉變，就可以開始準備餵食副食品了。

習慣13

嗅聞路邊遺留的尿液，是為了確認對方的強度

也能藉此判斷狗的品種、性別和年齡

飼主和愛犬一起散步時，有時候會出現狗狗不停聞電線桿或草叢，遲遲不願離去的現象。這是因為牠正在聞其他狗狗留下來的尿液氣味，確認自己的地盤是否遭到破壞。話說回來，光憑尿液的氣味究竟能發現什麼呢？

狗在展示自己的地盤時，會利用尿液作記號，而尿液裡含有大量的性類固醇和費洛蒙。對我們人類而言只是含有臭味的尿液，但它對狗狗來說卻如同名片一般。據說狗狗不僅可以透過尿液氣味得知犬種和性別，甚至連身體大小、性成熟度、年齡和身體的強度都能掌握。

一般而言，狗狗會在其他狗的記號上尿尿，藉以誇示自己的地盤。也有些狗雖然在住家附近活動，但只要聞到其他狗的氣味就會立刻逃之夭夭。這說明氣味的主人擁有壓倒性的力量，狗狗知道自己絕對沒有勝算，因此想避免無謂的爭鬥。

作記號對狗來說就像是一種問候方式。有不少飼主認為這是一種理所當然或不得已的行為，但對於討厭狗的人來說，狗狗排尿作記號只是一種污染生活環境的骯髒行為，還有人會因為電線桿或停在家門口的汽車被作記號而為之氣結。

雖然很難徹底禁止狗狗作記號的行為，但我們可以告訴牠哪裡是可以作記號的地方。如果狗狗想在別人的家門口作記號，這時就要用力拉牽繩，讓牠了解「不能在這裡尿尿」。不過當狗狗在不會造成他人困擾的地方作記號時，不妨就給牠一些時間吧。

在動物所分泌的費洛蒙當中，又以交配前吸引異性的性費洛蒙最為著名。其他還有遇到危險時釋放出來的警報費洛蒙、發出召集同伴指令的聚集費洛蒙，以及協助回巢的蹤跡費洛蒙等。

習慣 14

洗完澡在地板上打滾，是為了找回自己的氣味

以清水代替清潔劑，保留一些氣味

大多數的狗都是天生的游泳好手，因此不會像貓那樣討厭水，尤其像美國可卡犬和黃金獵犬這類非常喜歡玩水的犬種，雖然是大型犬，但洗起來卻非常輕鬆；相較之下，柴犬這類日本犬就不太喜歡洗澡，洗澡時必須費很大一番工夫。

可是，有些狗剛從浴室裡出來，便立刻在地板、地毯，甚至在院子裡滿地打滾，一眨眼又把全身弄得髒兮兮了。

雖然這種行為會讓飼主感到沮喪，但對狗狗來說，洗完澡並不會讓牠覺得舒服，因為這時狗狗全身都散發著洗髮精和肥皂的味道。即使人類聞起來微不足道，但狗的嗅覺敏銳，對牠們而言仍是無法忍受的氣味。

除此之外，狗狗身上的氣味就有如自己的身分證。如果沒有氣味，就無法告訴其他人自己的身分，這可是相當嚴重的問題。

因此，狗會在沾滿自己氣味的地板、地毯和院子裡打滾，試圖讓全身沾滿這些對自己來說既重要又舒服的氣味。

畢竟目的是找回自己的氣味，所以當清理得愈乾淨，這種行為就會愈加激烈。有些愛乾淨的主人不得不頻繁幫狗狗洗澡，這樣一來反而更沒完沒了。

這裡建議有上述困擾的飼主，不要用足量的洗髮精來消除狗狗全身的氣味，而是改成經常用清水大致沖洗。只要用這種方式保留若干氣味，應該就能減少狗狗在地面滾動的頻率。

洗完澡後不要讓狗狗自由活動，立即用毛巾擦乾身體，用吹風機吹乾就好。

若飼主有愛犬不喜歡洗澡的困擾，不妨試著提高熱水的溫度。有些飼養員和獸醫會建議洗澡水的溫度保持在30度以下，可是35度以下的水未免太冷了，我認為40度左右才是適當的溫度。

習慣 15

聞屁股是「你好」、「幸會」的友善問候

目的是從臭氣中獲取情報

愛犬散步時遇到其他狗，會互相嗅聞對方屁股的味道，尤其當公狗遇見母狗時更是如此。飼主常因為不好意思而用力拉開，避免彼此尷尬，但這個動作對狗來說只是一種問候，和性方面毫無關係。

我們人類見到初次見面的人時，也會一邊說「初次見面」，一邊交換名片，狗互聞屁股的行為也和這種問候方式如出一轍。狗狗會透過氣味，互相確認對方的性別和力量。

有人不禁好奇，為什麼聞的是屁股呢？事實上，狗的肛門下方有一對叫作「肛門腺」的器官，這個部位會分泌出具有特殊臭味的液體，狗就是透過這個分泌物的氣味來獲取各種資訊。

順便一提，這種分泌物可以在狗狗大便時清楚看見。在結束大便的瞬間，會滴下幾滴有如尿液般的液體，這就是從肛門腺流出的分泌物。

因為狗的分泌物較少，所以氣味並不明顯，但像鼬鼠、臭鼬這類肛門腺特別發達的動物，就會散發出強烈刺鼻的氣味。

也有些狗不知道該如何將分泌物從肛門腺裡排出，如果置之不理，就有可能引起發炎，有時甚至造成肛門腺破裂而致命，所以飼主最好經常確認一下肛門腺的情形。

如果飼主發現狗狗開始在意起自己的屁股時，就要特別注意。另外，如果肛門腺發生腫脹現象，就要請獸醫或是美容師協助刺激和壓迫肛門腺，將分泌物擠壓出來。

有些人雖然想養狗，卻不太能接受狗的味道，這時建議可以挑選體味較少的狗，例如貴賓犬、西施犬、吉娃娃、蝴蝶犬等小型犬，只需要每個月洗一次澡，就幾乎不會聞到氣味了。

習慣 16

會和主人搶食物是因為習慣有求必應

不能抱有「只是給一點點」的念頭

主人吃完飯才餵食愛犬，這是相當重要的規矩之一。但如果想貫徹這項規定，過程中依舊免不了麻煩，因為狗狗會在飼主和家人吃飯時討食物。

每隻狗都有自己討食物的方式，有些狗會發出悲傷的哀嚎聲，有些會不斷吠叫來表示不滿，還有看起來像在說「拜託」一樣，用前腳觸摸主人的狗等等。

有許多飼主都敗在像這樣的溫情攻勢下，安慰自己「就只是分一點點給牠」，但這是絕對不能退讓的原則。

有的飼主會抱怨：「愛犬會跳到桌上或闖進廚房，搶走人類的食物，這點實在令人困擾。」但出現這種行為的根本原因就在於前述的「一點點」。

狗是聰明的動物，但思考能力卻不像人類發達，無法理解「平時不行，但這次除外」這種複雜的邏輯。一旦用餐時分食物給狗狗吃，就會讓牠誤以為「人類的食物隨時都可以吃」，既然桌上或廚房有看起來很好吃的食物，那麼吃掉也是再正常不過的事。

若想改善狗狗搶食物的行為，飼主就要狠下心來，徹底忽視牠的請求，不管如何吠叫，不管多麼傷心地哀嚎，也不要理會。如果狗狗跳到桌上或闖進廚房，就嚴厲地訓斥牠；也別忘了收好椅子，千萬別讓狗狗有機可趁。

狗狗一開始可能會感到奇怪，心想：「為什麼今天不行？」但飼主只要堅持下去，就能讓牠知道「不能吃人類的食物」。

人類的飲食對狗而言熱量太高了，如果每次狗狗討食都讓牠享用，很快就會導致肥胖問題。狗狗和人類一樣，肥胖都會對身體造成負擔，如果想讓狗狗健康長壽，絕對要杜絕有求必應的習慣。

習慣 17

追逐是狗的狩獵本能，別忘了規劃發洩管道

這種傾向在獵犬身上更為明顯

近年來，在戶外見到野狗的機會並不多，但其實不久前都還能在都市裡看見野狗的蹤跡。放學途中或者在外面玩耍時被野狗追趕，我想有些人一定有過這樣的經驗。

請試著回想一下當時的情況，是野狗突然主動襲擊嗎？是不是因為你身邊的某個人嚇得逃跑，吸引了野狗也跟著向你衝過來，而你在情急之下開始拔腿狂奔了呢？

野生的狗狗會捕捉行動敏捷的老鼠，以這些小動物當作食物來果腹，牠們本能上會竭盡全力地捉住逃跑的獵物。

這種本能現在仍深植在狗的腦海裡，每當狗狗看見在眼前移動，或是試圖遠離自己的東西時，就會不由自主地想要追趕它。在米格魯或巴吉度這類天生的獵犬身上，這樣的傾向尤為強烈。

這類獵犬是人類為了發展其追蹤能力等狩獵本能而刻意交配飼養，所以當這類獵犬看見騎自行車或者跑步的人時，就會忍不住奔跑追逐。

此外，也有狗狗只會在特定的公園或道路上追趕自行車或行人，當牠認為公園和道路是自己的地盤時，就會發生這種情況。在自己地盤以外的地方，狗狗會認為「隨意在這邊狩獵會惹其他狗生氣，還是算了」，於是將這個情緒壓抑下來。

如果這種情況出現過於頻繁，不妨和愛犬玩你丟我撿或捉迷藏的遊戲，讓狗狗發洩一下。

當狗看見任何遠離自己的移動物，
就會產生追逐的念頭

據說賽狗界中著名的格雷伊獵犬，是所有犬種中跑得最快的狗，牠的最快速度可以達到每小時60公里，甚至在起步後的1秒內就能加速到這個速度。不過，和獵豹等動物一樣，格雷伊獵犬並不擅長長跑。

習慣 18

就算躲在狹窄角落，最好還是讓狗狗獨處

狹窄地點是最能讓狗狗安心的地點

我們有時候會突然意識到愛犬消失不見了，就算呼喚牠也沒有任何動靜，擔心地四處尋找後，結果發現狗狗躲在床底下或沙發後面渾身發抖，不知各位可曾有過這種經驗？

通常我們會伸出手對牠說：「〇〇，沒事吧？過來這邊。」但如果可以的話，不妨讓牠自己暫時獨處。

狗狗躲在狹窄或黑暗的地點，就代表受到某樣東西驚嚇或遭遇可怕的事。原因有很多，例如盤子摔碎的聲音、電視傳來的汽車輪胎打滑聲，這些都會讓狗狗驚慌失措而嚇得躲起來。

飼主都會覺得沒有必要躲在這麼狹窄的地方，希望把愛犬放在膝蓋上安撫。但對狗狗來說，狹窄的暗處反而最讓牠放心。

即使平時狗狗接觸飼主身體便能感到安心，但在太過恐懼時，也會隨著身體的本能行動，躲進黑暗狹窄的地方。

有些飼主看見愛犬藏身在狹窄的地方不停顫抖而感到驚訝，但愈是大聲喊叫，或是愈努力想將狗狗抓出來，反而會讓牠更加害怕。而且試圖強行將狗狗拖出，可能會遭到反咬，所以還是等待牠冷靜下來後自己走出來吧。

順帶一提，當狗狗出來時，一定要確認一下牠藏身的地點。因為狗狗有時會過度恐懼而失禁，如果沒有即時檢查清理的話，牠們有可能之後會將該處誤認為廁所。

如果是尿道括約肌先天較弱的狗，即使是稍微受到驚嚇或恐懼，也會出現失禁的情況。比起小型犬，這種症狀更常發生在大型犬身上，如果愛犬出現大量失禁的現象，有可能是尿道括約肌功能出現問題。

習慣 19

被愛犬無視時別氣餒，多擁抱來傳達愛意

無視是狗狗感到幸福的證明

前面介紹過責罵狗最有效的方法就是忽視牠，然而有些狗卻會反過來不理睬自己的主人。

飼主對於愛犬無視自己而感到困惑，於是生氣抱怨道：「這隻狗好跩，今晚不給牠食物了！」

可是就像飼主會刻意無視愛犬，狗狗不理會主人也有牠的原因。這時候不妨仔細觀察狗狗的表情，即使牠趴著裝出一副漠不關心的樣子，其實也會不時用眼睛偷偷瞄你一眼，簡直就和人類「鬧彆扭」的神情相差無幾。

回想一下狗狗不理你之前的情形，有可能是狗狗找你一起玩卻沒有獲得回應，或者剛才正在專心講電話或看電視，因此沒有理會牠。

一旦發生這樣的事，狗狗就會覺得「我又沒做錯事，卻受到懲罰」，並且失望地認為「主人不再愛我了……」。

換言之，狗狗的無視並非是瞧不起飼主，而是相當適應目前的生活，感受到自己受到主人疼愛而充滿幸福。

因此當愛犬無視自己時，飼主不能生氣地責罵牠：「竟敢不理我！」更不應該向牠丟東西洩憤。若做出上述行為，那麼和狗狗好不容易培養出來的親近感又會頓時歸零了。

這個時候，只要擁抱正在鬧彆扭的狗狗，摸摸牠的頭和背，以此表達對牠的愛。這麼一來，牠就會恢復平時的狀態，並開心地回應飼主的呼喚。

有些人抱狗狗時，會以手臂托著狗的背部，讓牠仰面朝天。但是狗狗多半不願意露出肚子，不建議飼主採用這種抱法。改將愛犬的前腳放在飼主肩膀上，一手扶著屁股，另一手按住背，這才是狗狗喜歡的抱法。

習慣 20

維持梳理的習慣，以每次散步做一次為原則

避免狗狗自行整理或經由他人之手

自我梳理是一種清潔毛髮和皮膚的行為，但是狗卻沒辦法像貓一樣把全身都梳理一遍。

狗的皮毛長短原本是中毛，這點我們可以透過觀察西伯利亞哈士奇這類原生犬種得知。然而經過人類的改良，外型亮眼的長毛種開始增加。不光毛髮變長，為了製造出像貴賓犬一樣的捲毛犬，因此又增加許多無法靠自己的舌頭進行梳理的犬種。如果不幫這類狗狗清理，不僅會散發體臭，還會使身體看起來髒亂不堪。

有些短毛種的狗狗，也因為品種改良而使得體型產生了變化，無法自我梳理。這就是為什麼飼主必須定期為狗狗刷毛以及洗澡，有時甚至還要剪掉多餘毛髮的原因。

雖然有些飼主梳理工作認為交給寵物美容師就好，但原則上，每次散步後都應該要進行一次梳理才行。因為外面隨處都是跳蚤、蟎蟲、黴菌和細菌，所以散步回來後必須用刷子將狗狗全身都刷乾淨。養成梳理的習慣，也能幫助飼主及早發現愛犬身上的傷口或皮膚病。

如果不常幫愛犬梳理身體，那麼狗狗就會開始討厭人類觸摸牠的身體。花費大量金錢養大的狗，有不少都極度討厭陌生人觸摸，甚至還會做出咬人的舉動，這就是飼主沒有經常幫狗狗梳理身體的最好證明。別把清理工作都丟給寵物美容師，要成為一位每日親自為愛犬梳理的合格飼主才行。

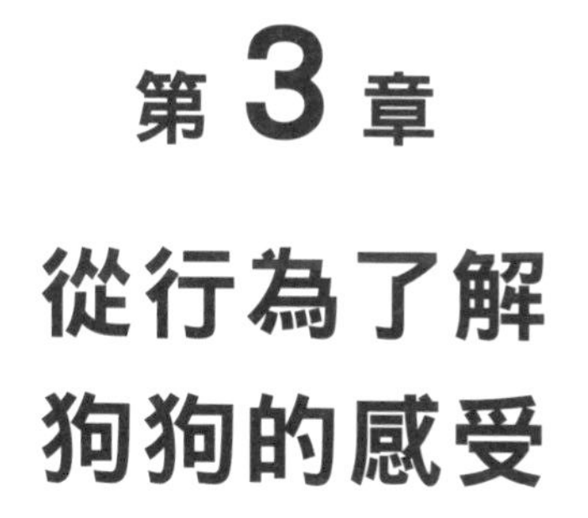

第3章

從行為了解狗狗的感受

行為 1

低頭、翹屁股搖尾巴，是一起玩耍的邀約

飼主只要觀察情況即可

想瞭解狗狗的感受，不光只是觀察耳朵和尾巴，牠的全身動作也會透露出相當重要的訊息。例如，狗狗經常會伸出前腳、壓低頭部、翹起尾巴，而且尾巴會往左右兩側大幅搖擺。這是一種狗狗特有的姿勢，代表牠正積極邀請我們一起玩耍。

當飼主帶狗狗散步的途中，看見其他狗擺出這種姿勢時，有些飼主會擔心：「對方該不會想撲過來吧？」於是用盡全力把狗狗拉離原地。不過，這並非攻擊的姿勢，而是一種友好的表示，所以飼主沒有必要那麼緊張，不妨看對方的反應再做出行動也不遲。可能的話，就先原地不動稍微觀察情況，這樣一來就能提升狗狗的滿足感，也能消除牠的壓力。

如果家中飼養多頭，有時可能會因為不知道牠們究竟是在嬉戲還是打架而感到困惑。若狗狗是在追逐、飛撲或啃咬之後才擺出這個姿勢，代表「剛才只是開玩笑，還要玩得更開心！」可以放心讓狗狗繼續嬉戲。

透過這樣的遊戲，能夠讓狗狗確認地位和服從規矩，可說是學習社會性的重要儀式。除非狗狗玩得興奮過頭，否則不必強行把玩耍中的狗狗分開。

若是初次見面的狗對你擺出這個姿勢，就是歡迎你的證據，這時不妨摸摸牠的頭，向牠表達友好之情。這個姿勢對狗狗來說也是「初次見面，請多關照」的問候方式。

順便一提，有時狗狗會故意把臉或鼻子湊過來，這是希望我們關心牠、陪牠玩耍的一種情感表達。

當狗狗為了確認地位或維護地盤而大打出手時，不太可能給對方造成致命傷；可是當狗狗對人類發動攻擊時，卻經常會帶來嚴重的傷害，據說這是因為人類不會擺出服從姿勢的緣故。

行為 2

一邊繞圈圈一邊靠近，是友好和服從的表現

這種靠近模式不帶攻擊意味

呼喚愛犬的名字時，發現牠不會像往常一樣一直線跑過來，而是繞著圈圈慢慢靠近。這真是讓人摸不著頭緒的行為，這個時候你生氣嗎？

當我們上班出外勤，得知「老闆今天心情不好」的消息時，就會拖拖拉拉不想回到公司。雖然知道這麼做只是白費工夫，但還是會故意用繞遠路的方式，想辦法晚點回到公司。狗繞圈圈也是同樣的道理，換言之，由於牠們感到相當恐懼和緊張，因此選擇慢慢接近。

狗繞圈圈，也意味著向對方露出最大的弱點側腹部，代表「我已經暴露了弱點，請原諒我」、「我完全服從你，別攻擊我」的意思；也就是說，因為具有完全服從的意思，這時若再嚴厲訓斥牠的話，反而可能適得其反。

此外，如果初次見面的狗狗繞圈圈向你走來，或者愛犬散步時對其他狗做出這個動作，就是代表「雖然很緊張，但我不會攻擊你」的意思，所以不必驚慌逃跑。

如果你很喜歡狗，那麼只要放低姿勢，表現出沒有攻擊的意思，狗狗就會很開心地接近你；至於討厭狗的人，只要站著不動就不會有問題。

若想和初次見面的狗親密接觸，不妨利用這種方式慢慢接近，不能因為覺得可愛而直線逼近，而是刻意慢慢地繞圈圈靠近。如此一來，狗狗應該就會放心地接受你。

人類的最大視野約210度，狗則視犬種而定，有些狗的視野甚至可達300度——這是因為狗的眼睛長在臉的左右兩側。不過狗突出的鼻子會產生死角，因此反而無法看見距離眼前幾十公分的事物。

行為 3

啃咬是缺乏自信的證據，要避免幼犬時期養成習慣

注意幼犬撒嬌啃咬的行為

飼主受到旁人指責是理所當然的發展，但飼主也應該要弄清楚狗狗這麼做的原因。

另外，在所有狗之中其實也有咬人和不會咬人之分，個中差異取決於幼犬時期的教養方式。幼犬對任何事物都很好奇，所以會用啃咬的方式來確認眼前的東西，但這種行為會延伸為咬飼主的手，這時就會採取「撒嬌啃咬」的方式。

如果飼主不加以制止，那麼狗狗永遠都無法擺脫咬人的習慣，長大後就會變成攻擊人類的狗。幼犬和成犬的咬人力道天差地遠，即使只是撒嬌啃咬，也可能會使人受傷，所以一定要糾正這個習慣。

「寵物跑出來咬傷路人」的事件時有所聞，愛狗人士也只能對此表達遺憾，但不瞭解狗的人，多半會認為「因為狗天性凶殘，所以才會咬人」。

事實上，大部分的情況都是「狗膽小才咬人」。

除非是體型龐大的大型犬，否則和人類相比，一般都是人類的體型略勝一籌，而且人類視線的位置也遠比狗狗還高。一般很少有動物會挑戰比自己體型還要龐大的對手，雖然像獅子這類的動物有時會襲擊野牛，但是牠們通常會採取集體攻擊，不會進行一對一單挑。

換句話說，狗會攻擊體型比自己龐大的人類往往是例外中的例外。若非被逼到絕路，他們一般不會主動攻擊人類。

咬人可說是不顧一切的反擊。雖然愛犬咬人導致

從額頭和鼻子的凹陷處，一直延伸到鼻尖，這個部位叫作「口鼻部」。口鼻部既是狗的武器，也是其弱點，一旦口鼻部遭到控制，狗就無法使用牠的利牙發動攻擊。

行為 4

教導眼神接觸，狗狗才能認知飼主是老大

要求愛犬注視自己的眼睛，以便讓牠知道飼主是老大，這樣的行為也稱為「眼神接觸」。

有些人可能無法理解注視眼睛和知道誰是老大之間有什麼關係，這裡不妨試著回想一下學校的朝會——注目的人是學生，被注目的對象則是老師和校長。換言之，注目的一方是晚輩，受到注目的一方是長輩，這樣的關係在狗的世界中也是一樣。

不管餵食或遊戲，無論何時呼喚狗狗的名字，牠都能夠馬上停止動作，將注意力集中在飼主的眼睛上，這就是我們訓練的目標。

只要愛犬經過訓練後，就算追著球跑到車道上，只要主人一喊名字，牠就會立即停止動作，這麼一來就不會發生意外事故。

教導眼神接觸的第一步，是從一邊呼喚愛犬的名字、一邊給予零食開始，也就是教牠「回頭就會出現好事」。

第一步從呼喚名字給予零食作為獎勵

只要愛犬了解這一點，就能在牠專注電視或玩具這類會分心的事情上時，進行只叫一次名字便回頭注視飼主的練習。若能成功做到，就馬上給予零食，用「好乖好乖」、「做得很好」等讚美來誇獎牠。

接下來就是在外出散步時，試著呼喚愛犬的名字。外面世界存在許多會引起狗狗興趣的事物，很容易讓牠們分心，這時候飼主必須堅持到底，直到確定牠完全學會為止。

如果這一步也能完美做到的話，就可以逐漸減少給予零食的次數，讓愛犬知道不能為了零食才注視主人眼睛。順帶一提，狗的注意力最多只有十分鐘，就算拉長練習時間也沒有意義。

一般來說，巴哥、西施這類犬種比較容易罹患眼部疾病，原因除了牠們的一雙大眼睛之外，也和眨眼次數較少有很大的關係。為了防止這類疾病，最近也開始流行起縮小眼睛的手術。

行為 5

狗狗不斷追逐自己的尾巴是為了緩解壓力

也要注意是否感染寄生蟲或疾病

有時狗會追著自己的尾巴轉來轉去，因為動作有點令人啼笑皆非，所以飼主往往會放任這種行為，甚至分享給朋友一起觀賞。

對任何事物都感興趣的幼犬，可能會突然發現自己身後有條尾巴，於是開始試著追趕。但是如果成年後仍有追逐自己尾巴的習慣，那麼有可能就是壓力過大所造成。

例如狗狗進去最討厭的浴室，或是在不習慣的寵物店裡過夜時，就會經常看到這種行為。換言之，狗狗是因為被迫做不想做的事情而產生壓力，於是便以這樣的行為釋放壓力。

如果是長尾巴的狗，不光只是追逐，有時還會將尾巴咬傷，嚴重的話甚至把尾巴咬爛。有不少人簡單地認為：「愛犬只不過是追著尾巴玩，沒什麼大不了吧？」但各位要特別注意，追逐尾巴和咬傷尾巴只有一步之遙。

另外，如果狗狗感染寄生蟲或疾病時，也可能會出現追逐自己尾巴的舉動。

正確來說，狗狗這時不是追逐著尾巴，而是為了確認自己的肛門，所以才會不停地轉圈圈，但飼主無法分辨這一點，所以只是將這種行為單純視為「追著尾巴跑」。

儘管沒有讓愛犬承受極大壓力，卻仍然出現追逐自己尾巴的行為，這時最好檢查一下肛門周圍，看看有沒有寄生蟲。

狗狗屁股發癢的原因很多，絛蟲寄生就是其中之一。儘管健康的成犬沒有任何症狀，但如果寄生蟲的數量增加，就會出現貧血、腹瀉、食慾不振等症狀，同時還能在肛門看見部分絛蟲。在這種情況下，狗狗會無法忍受發癢，於是做出追逐尾巴的動作。

行為 6

破壞家中物品是因為缺乏散步和管教

重點是別給予壓力

下班回到家時，發現珍惜的物品被咬得四分五裂……。我想只要是養狗的人，或多或少都經歷過這類悲劇。

幼犬因為力量不足，能破壞的東西有限；但隨著年齡增長，危害程度也會加重，這樣的行為就是一般通稱的「破壞癖」。幼犬的這種行為還能視為惡作劇，但成犬破壞東西卻是一種問題行為。

為什麼狗狗看見任何東西都想破壞呢？首先要記住一件事，對狗來說，咬東西就像呼吸一樣理所當然；換言之，我們不可能命令牠「不准咬任何東西」，但是一定有原因可以解釋狗狗為何會出現咬東西的行為。

第一個可能性，在於狗狗缺乏運動而累積壓力。對於生活忙碌的飼主來說，早晚都要各帶愛犬散步一次可能是一種負擔，然而既然決定養狗，就一定要撥出時間帶牠出去散步。如果疏於帶愛犬散步，導致重要的物品遭到破壞，只能說是飼主自作自受了。

另一個可能性是缺乏教養。幼犬在出生後三到七個月內，會從乳牙換成恆齒，並在這段時間學會咀嚼。如果沒有在這時教導愛犬「玩具可以咬，家具和沙發不能咬」，牠就會認為「什麼都可以咬」。

當狗狗咬壞不該咬的東西時，飼主先別當場動怒，最好的方式是讓牠在亂咬東西的過程中自食惡果。雖然也能用大聲斥責的方式教牠，但訴諸暴力會對狗狗帶來壓力，所以還是盡量避免這麼做比較好。

一旦缺乏運動，導致壓力不斷累積，
就會將所有看得見的東西咬壞

狗狗主要是以犬齒進行破壞，犬齒是上下顎各有兩顆的鋒利大牙，當幼犬破壞玩具之類的東西時，有時會因為缺少犬齒而導致牙齦暴露，若放任不理，牙齦就可能因細菌入侵而引發牙齦炎。

行為 7

散步時拉扯牽繩，代表狗認為自己才是老大

應由飼主決定前進的方向

我們有時會看見遛狗的人反被狗牽著走的景象，如果是上坡路段，這樣散步或許比較輕鬆，但依舊不是值得鼓勵的行為。

狗原本是群居動物，通常是由領袖決定群體的行動和目的地。散步時若飼主反被牽繩拉著走，代表狗已經決定要去的地方，表示牠自以為自己是領袖（老大）。

如果平時便縱容愛犬這麼做，那麼狗狗就會逐漸不聽飼主的話，變得愈來愈任性。不僅如此，由於脖子承受牽繩強大的拉力，因此也會對狗狗的健康產生不好的影響。

如果想避免被狗牽著鼻子走，最好的辦法就是讓牠知道飼主才是領袖。具體來說，飼主不是被狗拖著散步，而是自己主動帶狗散步，路程上由飼主決定前進的方向。

例如，當來到十字路口，愛犬搶先往前走時，飼主就要故意向左或向右轉彎，這樣牠就會知道「不能隨自己的意思移動」。

平時教導愛犬遵從「等一下」、「坐下」、「趴下」等指令也很重要。透過這些練習，就能讓牠知道「必須絕對服從飼主的指示」（飼主就是領袖）。

若是愛犬在散步時做出走在前面的舉動，那麼飼主就要立刻下達「等一下」、「坐下」等的指令，命令牠先停下來。透過這些方式，讓狗狗知道決定權不在自己身上。

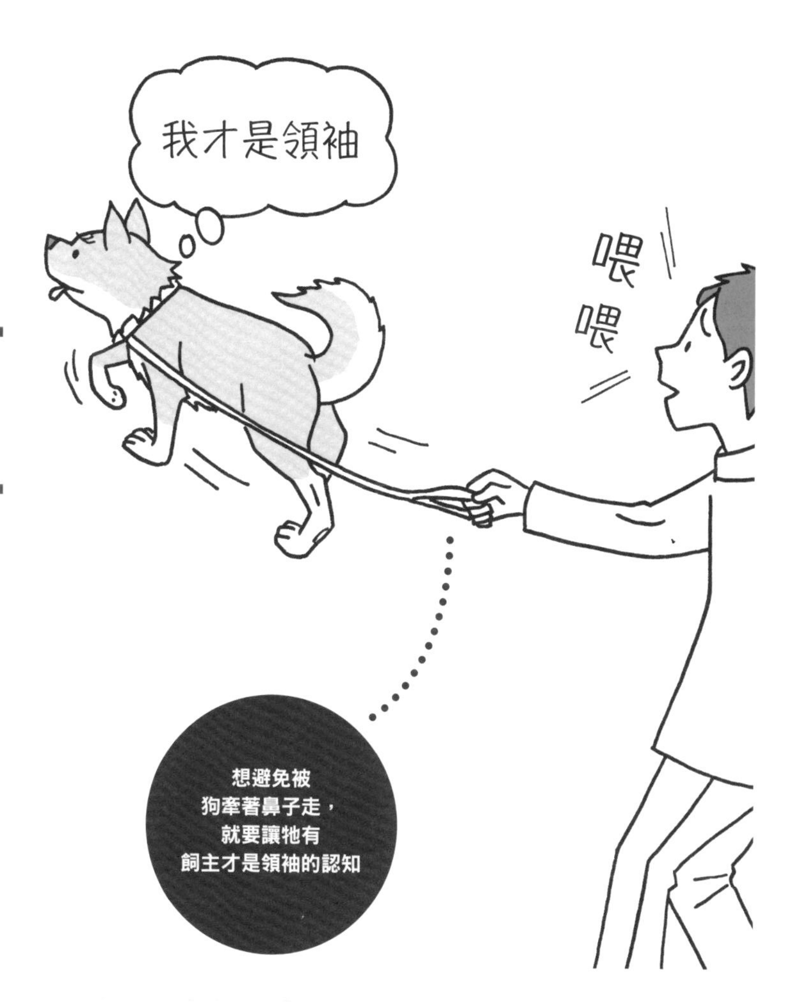

牽繩有各式各樣的材質和造型設計，建議使用牢固不易手滑的皮革牽繩。飼主舉起牽繩，前端恰好觸地，這樣的長度最為合適。伸縮牽繩會讓狗狗不聽指揮，任意走在前頭，所以並不推薦。

行為 8

狗狗玩球卻表現不開心，是因為不易分辨球的顏色

很難對紅色做出反應

狗狗很喜歡玩球，不過如果使用特定顏色的球和牠們一起玩，狗狗反而會表現出沒有興趣的樣子。有些狗原本就對球不感興趣，因為牠們不容易分辨球的顏色。

過去人們常說：「貓狗無法區分顏色，生活在黑白世界當中。」根據最新的研究，我們得知貓狗是人類所說的色盲。

在哺乳動物的眼睛構造（視網膜），有用來感覺顏色的視錐細胞和感覺光線明暗的視桿細胞。以人類來說，視錐細胞還有三種類型，分別辨別紅、藍、綠這三種光的三原色。

然而狗（貓也一樣）卻只有兩種視錐細胞，目前還不清楚貓狗能辨別的是哪種顏色，也有一說認為有可能是紅色和綠色。也就是說，狗看到的世界並非黑白，而是由二原色所組成；由此可見，狗的影像重現能力比人類還要差。

紅色屬於二原色之一，應該很容易分辨，但為什麼狗的反應卻依然遲鈍呢？這是因為狗對於亮度的感知比人類差的緣故。狗原本屬於夜行性動物，眼睛是朝在黑暗中行動的方向進化，因此不適合在明亮的環境活動；換句話說，狗在黑暗的環境更容易分辨周圍環境。

然而，感受顏色的視錐細胞，若沒有一定程度的亮度就無法發揮作用，因此只有在黎明和黃昏這類光線昏暗的時候，這兩種細胞才能在維持均衡的狀態下清楚分辨出顏色。白天時因為光線過於明亮，所以對顏色的識別造成影響，尤其紅色更能看出這個傾向，這就是為什麼狗不易對紅色的球做出反應的原因。

雖然貓狗有色盲，但據說鳥類、猴子、烏龜、蝦子，鯉魚、金魚等生物都和人類一樣，能夠分辨三原色；牛則不然，觸目所及都是黑白世界。順帶一提，蝦子的色彩感受比狗狗更出色，這點實在不可思議。

行為 9

在室內尿尿做記號，正是不安的表現

原因可能出在環境產生變化

狗狗的尿液分為兩種，一種是為了排泄多餘的水分和代謝物，另一種是公狗做記號時的尿液。前者和人類一樣，後者只出現在畫地盤或處於發情期的動物身上。

這種尿液充滿了向雌性展示自己的存在和力量的性荷爾蒙，因此具有相當刺鼻的氣味。

當狗尿尿做記號時，會將後腿抬得比平時更高，盡可能把尿液留在更高的位置；有些小型犬甚至會不顧一切地以倒立的方式尿尿，這是為了盡可能讓對方知道自己的身體比較大，而刻意做出的舉動。因為在動物的世界中，體型愈大，代表體格愈強壯，這不僅能為維持地盤帶來幫助，也能對母狗產生吸引力，這就是狗為什麼要拚命往高處撒尿的緣故。

對公狗來說，尿尿做記號是一項絕對不可或缺的作業，但如果在室內尿尿的話，就會對飼主造成相當大的困擾。雖然只要進行結紮手術，就能杜絕愛犬做記號的行為，但狗一旦學會怎麼做記號，即便結紮之後仍會繼續這種行為，所以必須在演變為習慣之前先完成結紮手術。

從來沒有做過記號的狗，卻突然開始做記號，原因有可能出在環境的變化。如果發生同居人增加、搬家等情況，狗狗就會產生不安的心情，從而用尿尿的方式做記號。

另外，如果狗狗誤以為自己的地位比飼主還高，也會開始在室內做記號，所以千萬別過分縱容牠。

有些飼主對於愛犬在電線桿尿尿做記號的行為無動於衷，但對於住在附近的人來說，這可是環境惡臭的根源。為了避免造成他人困擾，散步時要隨身攜帶保特瓶且裝有自來水，務必將愛犬做記號的地點沖洗一下。

行為 10

和其他狗打架，其實是出於一片保護飼主的心

不可大聲責罵

有些狗看見其他狗時不僅會吠叫，甚至還有奮力往前衝過去的舉動；如果是強壯的大型犬，這種情況更是難以控制，兩邊最後可能會扭打成一團。

日本人會用「狗和猴子的關係」來形容關係不佳的兩個人，但是「狗和狗之間的關係」看來也不是很好，畢竟狗（尤其是雄性）會比較誰的地位較高。

露出肚子的服從姿勢，正是狗狗為了避免這種無謂的爭鬥所學會的行為。但是小時候離開父母、獨自被人類養大的狗，完全沒有學習狗的社會規則和常識的機會，因此當遇到其他狗，特別是初次見到的狗時，往往會突然一言不合而大打出手。

狗一旦開打，就會變得異常興奮，就算想伸手阻止，也很可能會反遭誤咬。就算飼主大聲訓斥，也只會令狗更加興奮，所以還是打消這個念頭吧。阻止狗打架最好的辦法，就是用牽繩拉開，帶到看不見另一隻狗的地方，以溫柔的語氣安撫，讓牠平靜下來。

有些人可能會在此時嚴厲斥責，但狗的出發點或許只是想保護飼主免受陌生的狗傷害，如果這時遭到責罵，反而會令牠感到困惑。

等到愛犬冷靜下來後，再檢查看看是否有受傷。因為狗的犬齒很銳利，即使在飼主看來只是被輕輕咬了一下，也有可能造成很深的傷口，倘若置之不理，傷口有可能會化膿。

千萬別用外行人的角度擅自判斷「應該沒問題吧」，一定要帶去給獸醫檢查一下。

狗在打架之前，多半會互相發出低吼（或其中一方低吼），一旦開始發出低吼聲，飼主就得將這視為危險信號。另外，狗之間也有看不順眼的現象，所以若愛犬只對特定的狗產生敵意，那麼不妨改變散步的路線，或是錯開時間。

行為 11

為什麼狗狗養在屋外就不聽主人的話？

盡可能與愛犬面對面相處

近年來，由於吠叫聲的問題和庭院空間不足，有不少人開始將大型犬養在室內。或許有人認為這麼做有點保護過頭，但其實養在室外卻會產生教養和健康問題。

首先，養在室外的狗會累積不少壓力。狗原本是成群結隊生活，然而若單獨養在室外（多頭飼養除外），大部分的時間都是在狗屋裡度過，這對狗來說會形成一股壓力，有可能會令牠開始不停舔前腳，或者開始胡亂吠叫。

另外，如果不常和飼主或家人一起相處，狗就會搞不清楚自己的地位，從而不聽從命令，或在散步時用力拉扯牽繩。

如果想避免造成這類問題行為，最好的辦法就是盡可能經常陪伴牠。除了散步和餵食之外，偶爾也要關心愛犬的情況，和牠打聲招呼，比如問候牠：「你好嗎」、「會冷嗎」，只要相處的機會愈頻繁，彼此的關係就會愈親密，這點不管是人類還是狗都一樣。

此外，飼養在室外時，多半會利用牽繩來限制狗狗的行動範圍，但是這麼做也會給狗帶來極大的壓力。尤其是透過這種方式養大的幼犬，更會變得怯懦和神經質；如果可以的話，最好還是讓狗在院子裡自由活動。

狗本來就相當適應寒冷地區的氣候，所以養在室外時不需要特別注意保暖，但要注意夏天的炎熱氣溫和防蚊措施。

尤其是經由蚊子傳播的絲蟲病，更會對狗造成致命影響，必須非常小心。

絲蟲是一種由蚊子作為媒介傳播的寄生蟲，由於絲蟲在狗的血液裡無法被白血球辨識為敵人，因此會在進入心臟和肺動脈後才開始繁殖，這個病症就稱為「絲蟲病」。患有絲蟲病的狗會導致肺、肝和腎的功能出現障礙。

行為 12

排便時轉來轉去，是確認周遭敵人的例行作業

各位可曾見過狗在大便之前的動作？

當狗決定好大便的地方之後，就會開始原地打轉。因為相同的動作經常上演，所以讓人感到有點啼笑皆非；但這對狗來說，卻是非常重要的行為。

銳利的犬齒是狗唯一的武器，而身體後半部是牠的弱點，雖說不暴露弱點是基本原則，但大便時卻必須露出身體的後半部，而且還有一小段時間需要保持身體不動。

這對於野生時期的狗來說，稱得上是非常嚴重的問題，因此狗當決定大便的地點時，牠們必須轉來轉去，確認四周是否有敵人。

這種行為長時間刻在狗的腦海裡，形成一種本能，即便現今已不太可能受到敵人襲擊，狗仍會做出這種轉圈圈的動作。

遭到窺視會感到不安

如果我們在狗大便時觀察牠的臉，可以發現牠正露出可憐兮兮的表情，彷彿對我們說：「好丟臉，別看好嗎？」

然而事實上，狗其實並不是感到羞愧，而是大便時沒有防備，即便被飼主窺視，仍會感到不安的一種情感表現。

順便一提，也有些狗會毫不在乎地在別人面前大便。如果不想讓愛犬在大眾面前出糗，就要避免在運動後或飯後這類較容易產生便意的時間帶牠去公共場所。除此之外，也可以讓狗狗到比較能放鬆的草叢等處大便。耐心地訓練狗狗，只要能做到在定點大便就給予獎勵。

狗有時也會不小心在其他地方大便，這時候飼主只需要不發一語，默默地清理即可。如果發出怨言，會令狗狗誤以為飼主很高興，便會故意繼續這麼的行為。只要狗狗能在規定的地點如廁，飼主就大大讚美牠一番吧。

行為 13

散步途中撿雜草吃，代表腸胃正不舒服

可能是肚子有毛球或缺乏維生素

有時愛犬會在散步時，忽然把臉湊進草叢裡，並開始咀嚼雜草。當狗狗出現這個行為時，原因有以下三點。

①腸胃不舒服

狗狗擁有比人類更強壯的消化系統，但偶爾仍會感到腸胃不適。有時候狗吃雜草，只是為了修復腸胃的功能。

對狗來說，雜草就相當於人類所服用的中藥。舉例來說，路邊常見的大扁雀麥，就是狗最喜歡的植物，它也具備調節腸胃的功能。

另外，可作為中藥使用的魚腥草也會與雜草混生，這同樣是狗喜歡吃的植物。

②想吐出毛球時

狗會用自己的舌頭自我梳理，毛髮也正是在這個時候吞進肚裡。這些堆積在胃裡的毛髮久而久之會形成毛球，進而引起消化不良等的症狀。狗狗會透過吞食前端尖銳的雜草來刺激胃部和食道，以便將毛球吐出來。

③缺乏維生素時

狗往往被認為是肉食性動物，但正確來說其實是雜食性。如果只吃肉類，就會出現體內缺乏維生素的問題，所以有時需要透過吃草來補充維生素。

雖然吃雜草不能說是異常行為，但路邊生長的雜草往往附有雜菌或寄生蟲，反而會導致身體狀況更加惡化，所以即使愛犬想吃雜草，飼主也要拉住牽繩阻止牠亂吃。作為替代方案，我們可以在寵物店購買「狗草」或「貓草」來餵食，這樣一來就不必擔心愛犬的身體受到寄生蟲或農藥的危害。

狗狗吃雜草的原因

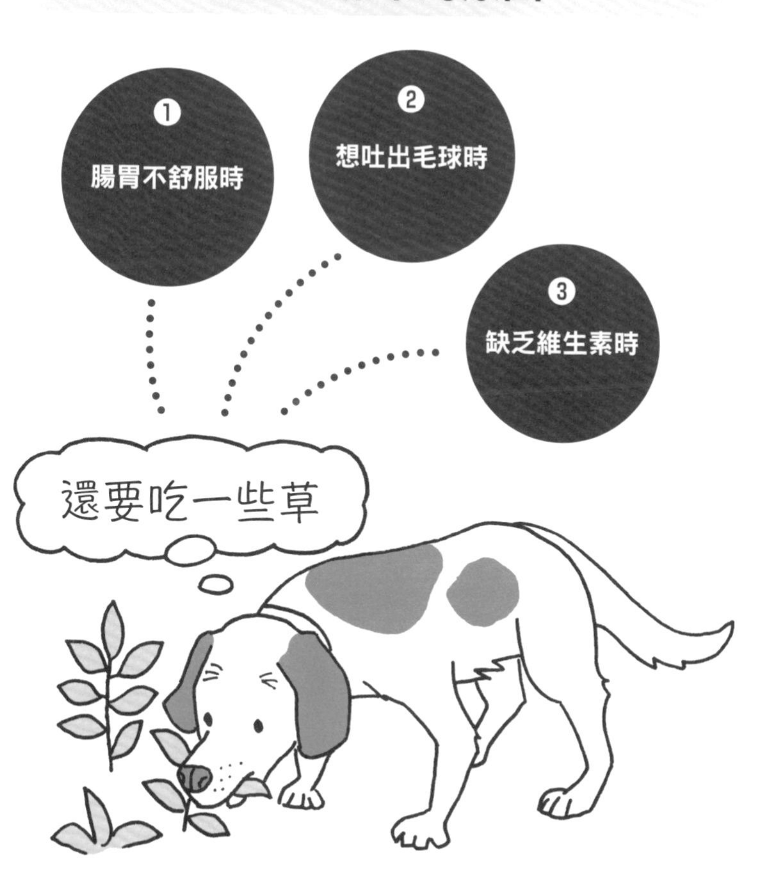

市面上販售的狗草和貓草，主要是一種叫作燕麥的稻科植物。貓狗通常只會吃草的部分；至於含有許多優質蛋白質成分的果實，可以製成供人類食用的燕麥片。

行為 14

突然拉開距離、不黏在飼主旁，是感到安心的證據

感覺有強大的領袖保護自己

主人正專心看著電視，原本屁股緊緊貼著自己睡覺的愛犬卻突然站起來，走到房間的角落休息。儘管難免會擔心：「是不是因為沒有理牠，所以在鬧脾氣呢？」但這時置之不理也沒關係。當狗出現這種行為，表示牠感到相當安心。

睡覺時將下巴貼著地面、大便前不停地轉圈圈，都是為了確認四周沒有危險而做出的舉動。我們從這些行為可以看出，狗狗在野生時期很少有感到安心的片刻。

可能只有當狗處於領袖的庇蔭之下，狗才會感到安全。只要有強大的領袖帶領，那麼群體的成員就能放心地在較遠的地方充分休息。

事實上，突然離開飼主身邊的狗，心情也和此時一模一樣；換言之，飼主對狗狗來說就是擁有強大力量的領袖。只要擁有強大的力量，就能享有寬廣的地盤，這也讓愛犬認為「稍微離領袖遠一點也沒關係，反正非常安全」，於是便移動到房間的角落等舒適的地點。

對於飼主來說，緊緊跟在身邊的狗相當討人喜愛，但這反而意味著愛犬不信任你的力量。由於地盤不大，因此愛犬無法放心離開。

有些飼主會抱怨：「雖然我家的狗狗平常都黏著我不放，但實際上卻完全不聽我的話。」這也是基於同樣的道理。因為狗狗認為飼主沒有什麼力量，所以才不願聽從指示。

如果飼主想確認自己在愛犬心目中的信賴程度，不妨試著握住牠的腳趾。如果狗狗絲毫沒有抵抗，就代表自己受到牠的信賴；如果牠試圖擺脫掙扎，就表示目前尚未累積足夠的信賴感。

行為15

摸頭卻遭到咬傷，不代表狗拒絕你的友善

還是有不喜歡被觸摸的部位

有些人看見飼主正帶著狗狗散步，就會興高采烈跑過來稱讚：「哎呀，好可愛的小狗！」飼主雖然知道對方稱讚愛犬沒有惡意，但如果對方想摸摸頭時，多少還是會擔心狗狗是否會發動攻擊。

有不少人認為，狗非常喜歡被摸頭和身體，所以這麼做一定能讓牠高興，說不定連養狗人士也以為是如此。狗狗身體被觸摸而感到高興，只是因為狗從小就接受觸摸訓練的緣故。由於飼主教育愛犬人類並不可怕，觸摸身體是一件很舒服的事，因此才會對此感到開心。

相反地，從小沒有被人觸摸過的狗狗，非常討厭與人類接觸，所以當有人伸手想要摸頭時，就會動口咬人。

可是這並不是帶有攻擊性的行為，而是因為害怕人類才做出的反應。人類的體型比狗還要大上許多，當體型龐大的生物靠近，任何動物當然都會害怕，因為過於害怕，所以才會先一步攻擊。

此外，當飼主與狗進行親密接觸時，飼主保持放輕鬆的姿態也是很重要的一點，如果連飼主也感到緊張，這份緊張感就會傳遞給愛犬，導致牠跟著無法放輕鬆。撫摸時，要從頭到尾輕輕地撫摸，最好一邊溫柔地說話一邊撫摸，如果只是默默地撫摸身體，反而會讓狗狗感到不安。

即使是習慣撫摸的狗，也有不喜歡被觸摸的部位，例如絕對不要拉尾巴或耳朵；假使這麼做，就算是最親近的狗也會咬人。除此之外，對某些人來說摸肉墊很有趣，但牠們其實一點也不喜歡。

狗的肉墊一般會呈現黑色。肉墊會隨著在地面行走的次數而逐漸變硬，不過養在室內的狗，長大後肉墊依然保持柔軟。雖然柔軟的肉墊摸起來更舒服，卻很容易受傷，所以室內犬在散步時要特別小心腳底。

行為 16

前腳抓臉表示不滿，後腳搔臉表示心滿意足

俗話說「貓一洗臉就下雨」。雖說是洗臉，但當然不是用水洗，只是用沾滿唾液的前腳擦擦臉罷了。據說當空氣中的溼度增加或是氣壓降低，就會讓貓咪感到不舒服，於是便開始洗臉，可見這句日本俗諺一點也不假。

不僅貓咪，有時狗狗也會做出洗臉的動作。值得一提的是，狗在洗臉時不會沾唾液，所以也能以「搔臉」來形容，但事實上牠們並不是在搔癢。

當看見狗做這個動作時，首先就要想到牠現下有所不滿。例如飼主丟下愛犬自顧自地聊天，牠就會故意跑到面前，開始搔自己的臉，這便是在傳達「希望主人也能注意我」、「希望主人誇獎我很可愛，但卻被忽視了」的主張。

狗總是渴望得到飼主、家人和客人的關注，所以即使不是故意，也無法忍受不斷遭到忽視；當牠假裝用前腳搔臉時，不妨視為是一種抱怨。

如果狗是用後腳搔臉，代表牠此刻感到滿足和快樂。例如當狗狗得到比平時更好吃的食物，或者陪牠玩很久的時間，就會看見牠做出這個動作。不妨視為是狗狗向飼主表達「感激」，接著只要告訴牠「不客氣」就可以了。

注意有時可能是生病的警訊

不過，如果發現狗狗經常搔臉，就要注意牠是否生病了。像耳朵裡有蟎蟲或耳垢堆積時，就會出現這個動作。特別是垂耳的犬種不易發現這類情況，因此需要特別注意。

寄生在狗耳朵裡的耳疥蟲是一種傳染性很強的蟎蟲，如果是飼養多隻狗的家庭，一旦發現一隻狗身上有耳疥蟲，那麼所有的狗很快都會遭到感染。出生2～3個月左右的幼犬最容易感染，所以要經常檢查幼犬的耳朵。

行為 17

把腳放在飼主身上是為了展現地位優勢

不可默許狗狗的優越感

當主人坐在沙發上時，愛犬就會靠過來依偎在身旁，有時還會隨意地將前腳放在飼主的手臂上，或是大腿等部位。

因為這個動作有如心有靈犀的戀人一般，所以飼主往往會默許這種行為，但這樣其實是錯誤的，正確的做法是要立刻將愛犬的腳甩開。

狗把前腳放在對方的身體上，是代表自己的地位更高；換句話說，愛犬其實正在告訴你：「我的地位比較高。」並試圖徵求你的同意。這時如果沒有立刻將牠的前腳甩開，牠就會認為這個主張已經獲得你的認可。

狗狗在外嬉戲時，經常可以看見牠將前腳放在其他狗的肩或背上，但當對方認為「開什麼玩笑，肯定是我占上風」時，就會將牠的腳甩開。

同樣地，我們也必須對愛犬這麼做。

如果把腳甩開，愛犬仍然做出相同的舉動時，飼主就要明確地斥責牠「不行」、「住手」。

人們往往認為「這種程度」仍然在容許範圍，但其實只有飼主才會這麼想，狗的想法是「一事通，萬事通」。這會導致日後所有行為出現問題，因此當下就必須狠下心來把腳甩開。

順便一提，當狗狗坐下看著飼主的臉，並且將前腳放在飼主身上時，代表牠有所要求。例如缺乏運動時，就是「我想出去散步」；等不及餵食的時間，就是「給我零食！」的意思。

如果這時立即接受牠的要求，就會養成習慣，所以務必要讓牠稍微等待。我們也可以用命令「握手」的方式，等到牠聽從指令後再做出回應。

訓練愛犬時，請注意要在說話的同時做出某種動作。比方說，我們可以一邊說：「不行！」一邊向牠張開手掌。這樣一來，即使沒有說出「不行」，只要看到手掌張開，狗狗就會知道自己被責備了。

聞氣味是調查，舔手則是服從

如果抱著狗狗，這些行為可能有其他的含意

到朋友家拜訪時，對方家裡養的狗會跑過來聞你的手。不光是手，就連腳和行李也無法倖免於難，有些狗甚至連胯下也不放過。

這種情況實在讓人難為情，我能理解各位想要逃離現場的心情，不過請稍等一下。如果想和狗狗保持良好的關係，就要讓牠聞到滿意為止。

「聞來聞去」就像正在四處摸索，狗對初次見面的人不停地聞，就有如進行身家調查一般。光憑氣味能夠獲得多少訊息，我想只有狗自己才清楚，但經過這樣的調查之後，牠就能確定這個人是敵是友，知道應該如何應對。

如果正在進行調查，途中卻受到干擾的話，狗就無法獲得對方的資訊，之後便會持續處在保持警戒的狀態。在這種情況下，即使誇獎狗狗「好可愛」，也難以和牠拉近距離；尤其一不小心伸出手來，還會落得被咬的下場，這就是為什麼應該讓牠聞氣味直到滿意為止的原因。

狗狗聞完氣味，開始舔你的手時，就是「我服從你，我們要好好相處」的意思。一旦順利打好關係，就擁有摸頭的權限，不必擔心遭到咬傷。

順帶一提，有時抱著狗狗的手會被舔得都是口水，這其實是要表達「拜託讓我下來」、「放我自由」的意思。因為牠承認你的地位更高，所以即使不喜歡，也不會攻擊你，而是透過舔手的方式來傳達自己的意願。

既然狗狗已經做出讓步，如果看見舔手的行為，不妨就將牠放下來吧。

愛狗人士很高興被狗舔，但要小心人畜共通傳染病。人畜共通傳染病是一種在人和動物之間傳播的疾病，尤其若不幸感染鉤端螺旋體病，還有可能會致命，所以一定要注射混合疫苗。

進食時發出低吼聲，是警告不要搶走食物

即使是非常親近的狗，一旦進食時遭到打擾，也可能做出吼叫或咬人的舉動。

有些飼主會誤以為這是問題行為，故而生氣地罵牠：「喂，你想對主人做什麼！」但換個角度想想，如果人類在吃飯時接到電話或是有客人來訪，同樣會產生不舒服的感覺，這對狗來說也是一樣。

因為狗對野生時代留下的飢餓印象比人類更為強烈，所以進食時會認為失去這些食物，就會對生命造成威脅，因此必須不惜一切代價保護。一旦打擾狗進食，就會感受到牠的強烈抵抗和憤怒。

再加上，狗進食時是處於毫無防備的狀態，所以會感到非常緊張。如果這時候身體突然被觸摸，即便對方是主人，也會因為條件反射而做出反擊。

順帶一提，如果個性懦弱的狗每次進食都遭到打擾，就有可能會受到心理創傷而不再進食。

總而言之，無論是多麼親近的狗，進食時最好還是不要打擾牠。吃完東西後，狗就會像什麼事都沒發生過一樣，自己主動接近主人，這時候就能和牠進行互動。

話說回來，也有狗害怕放在人類手上的食物，這是因為牠曾有過遭到毆打的經驗。由於腦海中已有「手會造成疼痛」的刻板印象，不管手上的食物多麼美味，仍會嚇得不敢接受。

如果餵食時發現這樣的情況，飼主就要停止用手打牠，平常試著多摸摸牠。在愛犬的想法變成「手能帶來舒服感覺」之前，我們只能耐心地等待。

千萬別打擾狗狗進食

愛犬吃不完的食物要迅速清理乾淨。有些飼主會因為擔心愛犬沒吃飽，而給牠更好的食物，這麼做反而會讓牠以為「吃不完就能得到更美味的食物」，導致浪費食物的情況更加嚴重。

行為 20

得到狗屋卻不高興，是因為空間過於寬敞？

能夠冷靜下來的空間究竟在哪裡？

將愛犬養在室內的飼主，會發現沙發和門墊在不知不覺中成為牠固定的休息位置。主人看到這種情況，往往心想「算了，就隨牠高興」；但如果真心為愛犬著想的話，還是得給牠一個有四面遮蔽的狗屋。

狗的祖先是狼，牠們至今依然在自然形成的洞穴和岩石裂縫等處打造可供生活的巢穴，因為狼喜歡四周有岩石包圍的昏暗處，而這個偏好也遺傳到狗狗的身上。

人來人往的大門腳墊、整天有電視和人聲的客廳沙發，這些地點對狗來說都並非舒適的休息之處，可見牠是迫不得已才選擇這些地方休息。

然而，特地購買寬敞的狗屋，有時愛犬卻不想利用。飼主看到這個情況，可能會生氣地大罵：「我用那麼多錢買的狗屋，這傢伙居然不用！」我能理解這種感受，但並不是因為狗狗不領情，問題其實是出在買到不適合的狗屋。

飼主的愛愈深，就愈想購買豪華的狗屋給自家的愛犬，可是四面有遮蔽的昏暗洞穴和岩石裂縫，才是狗喜歡的環境。豪華的狗屋不僅空間過於寬敞，同時也會令狗狗感到不安。

那麼該如何挑選大小合適的狗屋呢？只要確定狗趴下時，前腳不會伸出屋外，高度和寬度也足以讓牠站起來轉換方向，這樣的空間就能令狗狗安心。從飼主的角度來看，只要感覺「未免太狹窄了吧」，其實就是恰到好處的大小。

狗屋最好擺放在安靜的臥室。有些人會因為看不見愛犬而感到寂寞，所以選擇把狗屋擺在客廳裡，但狗有時也想安靜獨處，可能的話還是建議別這麼做。

感覺稍微狹窄的狗屋恰恰好

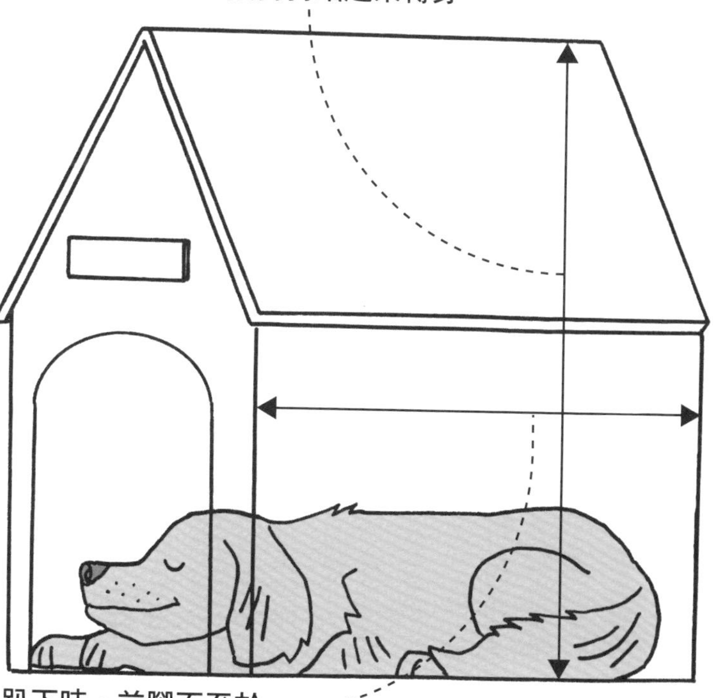

儘管買了大小適中的狗屋，但愛犬有時卻不待在裡面休息，其中必定有某些原因。比方是否曾在愛犬待在狗屋時責罵牠，一旦腦海中留下「狗屋＝責罵」的印象，狗便不願意再靠近狗屋了。

多頭飼養①
先來的狗狗反而變得任性？

請尊重狗的上下關係

家中雖然已經養了一隻狗，後來又想再養一隻，結果原先性格非常溫馴的狗狗卻突然變得不聽話，甚至開始對飼主表現出攻擊性的態度。

面對這類問題，飼主可能會認為：「原來如此，因為看到新來的狗，所以在吃醋吧？」於是盡可能公平對待所有狗，可是這個決定反而使狗狗的問題行為愈來愈嚴重。最先飼養的狗之所以出現問題行為，原因就在於飼主試圖對所有的狗成員一視同仁。

狗本來就喜歡成群結隊行動，但是群體內部仍有明確的階級之分，從進食的順序到睡覺的地方都有嚴格的規定；換言之，牠們非常重視上下關係，然而這些規定卻因為飼主試圖平等對待，才會導致狗狗心生不滿。

當飼主同時飼養多頭時，最重要的關鍵是尊重狗狗們決定出來的上下關係。由於先到來的狗在群體內的地位提高，因此我們也要嚴格遵守餵食、玩耍與疼愛的順序。只要飼主能夠維護狗前輩的自尊心，那麼即便突然增加新的成員，也不會為了狗狗的問題行為而煩惱。

不過，前述的說明是針對相同的犬種、相同的性別，如果最先養的狗是雌性或小型犬，而後來的狗是雄性或大型犬的話，立場也可能完全顛倒過來。

就算出現這種情況，飼主也不能插手或是干涉，只有尊重狗狗們決定的上下關係，所有人才能夠相安無事。

順帶一提，即便是母狗或小型犬，只要個性足夠強悍，地位就不會被新來的狗取代，我們要做的只有在旁觀察哪隻狗能夠脫穎而出。

吉娃娃和㹴犬這類小型犬相當倔強，即使同時飼養大型犬，牠們也多半能維持自己的地位。反觀英國獒犬或愛爾蘭獵狼犬這類體型碩大的犬種，由於個性較為溫和，因此被搶走地位的情況屢見不鮮。

行為 22

多頭飼養②不插手干涉狗狗之間的爭執

主人的好意反而累積狗狗的壓力

一開始就飼養很多隻狗，抑或是有新加入的狗成員，相信肯定會看見狗狗之間出現爭執。如果飼主擔心：「不行！我得在牠們受傷之前阻止！」於是介入爭執，強硬將兩邊拉開，並責罵先動手的狗或狗老大，反而只會適得其反。因為這將導致爭執持續不休，直到其中一隻狗身負重傷為止。

狗狗之間之所以會發生爭執，其實是因為上下階級變得曖昧不明的緣故。由於不知道誰的地位較高，因此必須透過打架來弄清楚這一點。

這個階段的爭執，只是為了確認地位高低，目的並非要傷害對方。只要其中一方承認「我輸了」、「你的地位比較高」時，這場紛爭就會結束了。

然而，如果飼主在狗狗舉白旗之前就強硬仲裁，或者只懲罰其中一方，就會讓狗狗的壓力持續累積，也使爭執的理由從「確認上下關係」變成「因為憤怒到了極點，所以失控地攻擊對方」。為了避免這種情況發生，就請飼主別介入狗狗之間的爭執。

不過，有些狗也和人類一樣，不懂得在爭鬥時手下留情。如果有一方開始哀嚎，或者尾巴夾在後腿間落荒而逃，很顯然勝負已分，此時另一方若繼續攻擊，飼主就一定要介入制止，否則可能會造成無可挽回的悲劇。

爭執結束之後，狗狗會做出騎乘動作，藉此確定上下關係。飼主必須確認這個步驟，並尊重狗狗做出的決定。

有些人會因為工作太忙而無暇照顧愛犬，因此想透過多頭飼養的方式讓牠獲得陪伴，也能因此更開心。然而一旦開始多頭飼養，關懷每隻狗的時間也會相對減少，這樣反而使愛犬變得愈來愈孤獨，因此要特別注意。

行為 23

狗的視力不佳，對熟人咆哮在所難免

並不代表記不住人類的長相

每當前往熟人家中拜訪，對方愛犬都會有所警戒，甚至咆哮。這時我們不禁納悶起來，為什麼都來過這麼多次，狗狗卻總是記不住這張臉呢？有些人可能會因此認定：「狗其實沒有想像中聰明，才會無法記住人類的長相」，但這可是天大的誤會。狗狗之所以沒有認出你，是因為視力不好的緣故。

雖然很難用人類的標準來比喻狗的視力，但根據研究結果來看，狗的視力只有〇·三到〇·五左右。在日本若要取得駕照，雙眼視力必須達到〇·七才行，由此看來狗的視力連最低標準都不到。

然而，另外有研究針對邊境牧羊犬的視力進行測量，卻發現牠能看見在一公里又五千公尺外揮手的人類，這樣的結果不免令人感到錯亂。

如果以人類的標準來看待狗的視力，所得到的答案可說是大大超乎人類世界的情況。具體來說，就像判斷人類的長相一樣，要確認細部或靜止物體的話，狗狗必須相當靠近才能看清楚（近視）；而在確認移動物體時，就算距離相隔一公里遠也沒有問題（遠視）。

這就是狗在狩獵時代時所具備的能力。狗為了發現獵物，必須靠視力來分辨遠處移動的物體；距離愈接近，敏銳的嗅覺反而比視覺更可靠，這就是狗為何具備這種視覺能力的原因。

值得一提的是，不同的犬種，視力也有極大差異。例如米格魯雖然身為獵犬，視力卻不太好，因為牠主要是依靠嗅覺進行狩獵；相反地，據說格雷伊獵犬就連兩公里外的獵物都能看見。

老狗有可能會因為罹患白內障而失明，尤其是貴賓犬和美國可卡犬這類較受歡迎的犬種，罹患白內障的風險較高。狗的視力本來就不佳，即使失明飼主也不會發現，所以平時應特別留意。

行為 24

愛犬逃離家園，表示對飼養環境不滿意

想去一個更安心的處所

愛犬失蹤堪稱是每位飼主的惡夢，超市、大賣場等處的公告欄上便經常貼有「尋找愛犬」的告示，可見這種情況並不罕見。

有些人會自信滿滿地說：「我溜狗時都會緊握牽繩，愛犬不可能走失！」然而事實上，狗狗多半都是在家裡失蹤，而不是在散步的途中。

狗狗在家時，通常都沒有用牽繩綁住，只要被突如其來的雷聲嚇到，或趁家人收包裹打開大門的瞬間，就有可能一溜煙跑到外面。

狗狗跑出家門外之後的行動，大致上可分為兩種。一種是跑到門口停下來發呆，或是回頭逃入家中；另一種是直接衝出家門，不知去向。那麼這兩種行動究竟差別何在呢？

一般來說，在門口發呆或者往回跑，代表狗狗得到良好的管教和照顧，所以知道「還是待在家裡最好」；至於不知去向，則表示狗狗不滿意家庭和飼養環境。

「剛搬過來不久，愛犬就失蹤了，結果幾個月後又在以前的住處附近找到牠……」像這樣的消息時有所聞，這種情況也是因為狗狗不熟悉新家，才會做出脫逃的舉動。

除此之外，像是嫌廁所太髒、不喜歡狗屋、缺乏散步或是遊戲時間不足，這些不滿都會容易讓狗狗產生逃跑的念頭。若是飼主不想失去愛犬，就得要好好地照顧牠。

狗狗逃家還有一個原因，那就是聞到母狗發情時所散發的臭味（費洛蒙）。如第80頁所述，公狗一聞到這種氣味就會興奮不已、坐立難安。要防止這種情況發生，最好的辦法就是進行結紮手術。

飼主用餐前先餵食愛犬，容易讓牠變得不聽話

就算苦苦哀求
也要堅持下去

據說狗每天所需要攝取的食物量大約為體重的百分之二到三；換句話說，一隻體重十公斤左右的中型犬，便需要兩百至三百公克的食物。有些書籍和專家建議一天餵食一餐即可，但兩百至三百公克的飼料量也不算少，加上有衛生方面的疑慮，所以通常還是建議分為早晚兩次餵食。

然而，食慾旺盛的狗通常無法忍受飢餓到晚上。於是在愛犬的哀求攻勢下，飼主不得已只好在自己用餐前先餵飽他們的肚子，但這其實是相當糟糕的決定，因為這會使狗狗誤以為「自己的地位比飼主高」。

狗原本就是集體行動的動物，就連狩獵也是成群結隊進行，獲得的食物必須按照實力依序享用；換言之，進食的順序對狗來說非常重要。

有些主人可能會認為，即使先讓愛犬吃飯，只要之後再好好管教就沒有問題——但這種想法實在過於天真。自認為地位高於飼主的狗，不僅不會聽從主人命令，行為也會變得恣意妄為。

就算強迫愛犬，牠也會認為：「我為什麼要聽從地位比我低的人類的命令？」甚至攻擊主人。這種現象就是所謂的「權勢症候群」（alpha syndrome）。

飼主若不想讓愛犬染上權勢症候群，平時就要注意餵食的方式，例如飼主先用餐就是其中最重要的一環。主人用餐完畢後，再讓愛犬進食，也可以用放慢速度餵食的方式，讓愛犬知道餵食的權力掌握在飼主的手上，同樣也是非常有效的手段。

第 4 章

狗狗的身心

身心 1

狗的口水也是汗水，天氣愈熱，流得愈多

請理解狗狗流口水是為了調節體溫

初次養狗的人，可能會驚訝愛犬為什麼會流這麼多口水。如果是眼前有美味的食物還能理解，但有些狗卻是一整天都不停地流口水，甚至連胸前的毛都整片被口水沾溼。一個健康的成年人可是不會隨意地流口水，因此當人類看見狗狗嘴上掛著口水的樣子時，會本能地感到厭惡和不舒服。

然而，狗和唾液有著密不可分的關係，因為狗的唾液就相當於人類的汗水。

氣溫上升時，人類會透過皮膚上的汗腺排汗，藉此調節體溫。然而，除了肉墊這類極少數的部位之外，狗的皮膚上完全沒有汗腺分布；為了降低體溫，狗只能張大嘴巴，用流口水的方式來取代流汗。

不過也有些犬種，無論多熱都不會流口水。大致來說，柴犬等日本犬比較不會流口水，黃金獵犬等西方犬比較容易流口水。此外，像鬥牛犬這種頭部比身體大的狗也經常流口水。

為什麼會有這樣的差異呢？這與口腔兩端的褶皺結構有關。柴犬的嘴角兩端比較不鬆弛，嘴巴較能夠緊閉起來，因此口水不容易流出來；反觀黃金獵犬的嘴角兩端相對鬆弛，因此口中所分泌的唾液便很容易流出。

我們只要明白分泌唾液是為了調節體溫，所以在夏天便可以透過空調降低室溫，或是留意將狗狗的體重維持在適當範圍內，這麼一來就能抑制流口水的程度。但畢竟根本原因在於口腔的結構，即使做了上述改善，也不可能完全消除流口水的現象。如果飼主非常在意口水的話，建議備妥毛巾把口水擦乾淨。

如果發現愛犬的唾液比平時還要多，聞起來有臭味，並且含有泡沫或血絲的話，就要檢查嘴巴是否有傷口或發炎。如果沒有傷口，有可能是中毒或犬瘟熱所引起的，務必馬上就醫檢查。

身心 2

狗維持健康所需的營養素與人類相同嗎？

不需要維生素C 蛋白質需求量大

早些年代，人們習慣用剩菜餵食愛犬；但是對狗來說，人類的飲食鹽分過高，長期持續攝取可能會罹患腎衰竭、動脈硬化或心臟病。

具體來說，體重五公斤左右的小型犬，一天所需的鹽分攝取量只有大約一公克，和人類（以日本人為例）每日所攝取的十二至十三公克相比，差距未免太大。之所以會造成這樣的差異，據說是因為狗幾乎不流汗所致。

另外，維生素C對人類來說不可或缺，但狗卻不太需要，因為狗的體內會自行產生維生素C；除此之外，狗也不太需要人類作為主食的碳水化合物。有些研究人員認為，狗的體內不擅長分解碳水化合物，因此才沒有攝取的必要。

糖也是碳水化合物的一種，所以最好也要避免餵狗吃甜食。

相較之下，狗需要大量的蛋白質。由於人類所需的必需胺基酸（體內無法合成或不易合成，必須從食物中攝取）有八種，而狗需要的多達十種，因此必須攝取比人類更多樣化的蛋白質（食材）。

另外，狗對鈣的需求量也是人類的十四倍。據說狗出生後六個月內，每天需要攝取約八公克的鈣，而人類的基本攝取量是每天〇．六八公克，上限為二．五公克。由此相信各位就能看出狗對鈣的需求有多大了。

總而言之，狗狗和人類在飲食上的營養需求截然不同，最好不要為了省錢，而餵愛犬食用人類剩下來的食物。

狗狗所需的營養素

狗狗不需要的營養素

雖說狗幾乎不出汗，但仍然需要補充水分，飼主必須經常換水，才能保證愛犬能隨時喝到新鮮的水。健康的狗不一般會喝太多的水，若是愛犬的飲水量急劇增加，很有可能是罹患了糖尿病。

身心 3

每次餵好喝又營養的牛奶，狗狗都會拉肚子

控制飲用次數
或乾脆不餵食

有些人會為了幫愛犬補充營養，而將牛奶當成零食來餵食。飼主看見愛犬開心地立即舔得一乾二淨，自然會認定對需要大量鈣質的狗來說，牛奶似乎是最合適的飲料。不過有些飼主會發現，每次餵愛犬喝牛奶時，都會出現軟便或拉肚子的現象，因此感到相當困擾。

我們從「哺乳類」這個命名可以看出，哺乳動物需要仰賴母親的奶水成長到某個階段；可是在自然界中，哺乳動物並沒有長大後仍然持續喝奶的習慣，也因此，體內用來分解乳汁中乳糖成分的酶（乳糖酶），會隨著成長而漸漸消失。

如果乳糖沒有在胃裡分解而被輸送到腸內的話，腸子會迅速製造大量水分來稀釋，這就是狗喝牛奶時會引起軟便或拉肚子的原因。以專業術語來說，這種情況便是「乳糖不耐性引起的滲透壓腹瀉」。

有些狗喝完牛奶一點事也沒有，依然生龍活虎，有些狗只要喝一點點就會引發嚴重的腹瀉——這樣的差異便是導因於體內殘留的乳糖酶含量所造成。

如果餵食後身體狀況沒有任何變化，那麼繼續餵愛犬喝牛奶也無妨；但如果發現有拉肚子情形時，就應該減量或停止餵食。

體重五公斤的小型犬，喝下超過一百毫升的牛奶，通常都會拉肚子。就算愛犬喝得津津有味，甚至意猶未盡，都不建議飼主再繼續餵食。

另外，餵牛奶時也別忘了計算熱量。每一百公克的牛奶所含熱量約六十五大卡，若是當成零食餵食，就要減少相應的飼料量。如果不加以控制，愛犬的身材很快就會走樣了。

一喝牛奶就出現軟便的原因

如果愛犬的體重，比起該犬種的平均體重高出超過15%，或者撫摸身體時摸不到凹凸不平的脊椎和肋骨時，這些時候就可以視為肥胖了。通常母狗比公狗更容易肥胖，必須特別注意。

身心 4

任何食物都吃得津津有味，是因為味覺很遲鈍嗎？

狗的味覺確實不如人類敏銳

缺乏教養的狗，會連大便或垃圾這些人類難以想像的東西都大口吃掉，而且看起來幾乎沒有仔細品嘗味道，只是隨便咀嚼幾口就直接吞進肚裡。這讓人不禁好奇，狗究竟有沒有味覺？

動物的味覺器官是舌頭，透過舌頭上的味蕾來感受味道。人類的舌頭上大約有一萬個味蕾，而狗的味蕾只有兩千個左右；也就是說，狗只能感受到相當於人類五分之一的味道。不僅如此，狗在野生時期大多時候處於飢餓狀態，因此只注重填飽肚子，不會享受食物的味道，這也就是牠們為什麼能把大部分的東西都吃得津津有味的原因。

但是這並不代表狗完全沒有味覺。人類可以品嘗到酸、甜、苦、辣、鹹、甘等六種味道，據說除了甘味之外，狗也能感受到其他五種味道，尤其像糖果和砂糖這些甜食，更是狗的最愛。狗原本就是雜食性動物，自然也會吃野生水果；反觀完全以肉為食的貓就沒有辦法感受甜味。

儘管狗的味覺不如人類敏銳，但有些狗卻特別偏食，例如只吃A公司的寵物食品，對B公司的產品就不屑一顧。與其說B公司的食品不合口味，不如說是有過剛吃完就感到噁心或身體不適的經驗。即便直接原因並非出在寵物食品上，狗也更傾向於認為是吃了那個產品的緣故。

除此之外，如果從小只餵食特定的寵物食品或生肉的話，狗狗就會習慣這些口味而排斥其他食物，請務必注意。

美國一項實驗結果顯示，狗最喜歡的肉類是牛肉，其次依序為豬肉、羊肉、雞肉和馬肉。雖說味覺遲鈍，卻喜歡吃最昂貴的牛肉，對飼主來說，這或許是令人頭痛的情報吧。

不只洋蔥，四種絕不能給狗吃的東西

特別留意
巧克力和雞骨頭

吃洋蔥會導致狗中毒——這可說是眾所皆知的常識，不過其他還有一些會危及狗狗生命的食物，值得各位特別留心。

例如，口香糖中常見的甜味劑成分「木糖醇」，狗狗一旦攝取就會導致血糖急劇下降，引發致命的危險。有項研究提到，體重十公斤的狗，只要攝取一公克的木糖醇就必須進行治療，所以千萬不能餵食狗狗含有木糖醇的口香糖。

另外，巧克力也會對狗的身體造成危害。狗狗的體內無法分解和代謝可可中含有的可可鹼成分，嚴重時甚至會引發麻痺等症狀。即使沒有馬上發作，可可鹼也會慢慢蓄積在狗的體內，因此也不能隨意餵食巧克力。

除此之外，骨頭也是對狗有害的食物，這點或許會讓人感到意外。尤其是加熱過的雞骨頭，更是危險。雞骨頭一被咬碎，就會形成銳利的斷面，不僅會刺進嘴裡或消化器官，有時還會致命。就算不像雞骨頭般銳利，牛和豬的骨頭也會在加熱時碎裂成銳利的形狀。

或許有些人會認為直接餵食生骨頭不就好了？但生骨頭（特別是豬骨頭）有可能潛藏寄生蟲，建議最好還是避免餵食。

最後我要在這裡針對洋蔥的錯誤認知作糾正。有不少飼主會以為「洋蔥雖然對狗有害，但只要加熱就沒問題」，但這種觀念是錯誤的。洋蔥中的酶無法光靠烹煮時的熱度分解，所以如果餵愛犬吃剩下的咖哩或漢堡，可能會出現貧血、嘔吐或腹瀉等症狀。

對狗狗造成危害的食物

洋蔥

洋蔥中的酶會導致貧血、嘔吐和腹瀉

木糖醇

攝取後會導致血糖急劇下降，有可能危及生命

巧克力

無法分解和代謝可可中含有的可可鹼成分

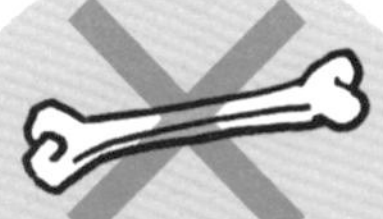

骨頭

不僅會刺進嘴裡或消化器官，有時甚至會致命

即使不含木糖醇，口香糖對狗來說也是危險的食物。根據調查，大多數因食道阻塞而送醫的狗，都是因為口香糖卡住喉嚨所致，所以溜狗時一定要注意別讓愛犬撿路上的口香糖來吃。

身心 6

這些食物也不能吃？對狗狗有害的嚴禁清單

切忌餵食生蛋與生魚

人類將看似無毒的蕈類帶回家烹煮料理，吃下後結果引發中毒，這類意外時有所聞。

和毒菇一樣，世上還有許多對人類來說是佳餚，卻會對狗造成危害的食品，下面就一一介紹。

●**生蛋**……蛋白中含有一種名叫「卵白素」（avidin）的物質，會引發食慾不振、掉毛、皮膚炎等症狀；不過，經過加熱的煎蛋或煮蛋就沒有問題。

●**生魚**……如果飼主認為既然貓能吃，狗也沒問題，那可就大錯特錯了。魚的內臟中含有破壞維生素B1的酶，狗一旦吃下魚內臟，可能導致精神不振，甚至會引發腳氣病。不過同樣只要加熱就沒問題。

●**肝臟**……雖然偶爾餵食沒有問題，但經常餵食會引發維生素A中毒、掉毛、關節疼痛等症狀。

●**可樂、咖啡等含有咖啡因的食物**……狗對糖的甜度無法自拔，但咖啡因會導致腹瀉、嘔吐或痙攣等症狀，嚴重時甚至會致死。實際上也確實出現過這樣的例子，所以飼主一定要非常小心。

●**葡萄、葡萄乾**……致病原因不明，但曾出現過嘔吐和急性腎損傷的例子。

●**澳洲堅果**……同樣原因不明，有過引發中毒症狀的例子。

●**酪梨**……酪梨成分當中的「酪梨素」（persin）對狗有害。這種成分不僅造成腸胃損傷，還會導致嘔吐或腹瀉，有時甚至會致命。

●**大蒜**……不要以為大蒜能在愛犬沒有精神時帶來元氣，千萬不可餵食像是義大利麵這類使用大蒜料理的食物。

不能餵狗狗吃的危險食物

生蛋

⇒引發食慾不振、掉毛、皮膚炎等

生魚

⇒導致精神不振或腳氣病

肝臟

⇒引發掉毛或腳氣病

咖啡因

⇒導致腹瀉、嘔吐或抽搐

葡萄

⇒引發嘔吐或急性腎損傷

澳洲堅果（夏威夷果）

⇒引發中毒症狀

酪梨

⇒嘔吐、腹瀉，甚至喪命

大蒜

⇒引發中毒症狀

夏天食物容易腐敗，所以許多飼主都會把吃剩的狗飼料（軟性）放在冰箱裡冷藏，要餵食時，就直接從冰箱拿出來餵給愛犬吃。有時正是因為飼料過於冰涼而導致愛犬吃壞肚子，最好先用微波爐加熱，恢復常溫後再餵食。

身心 7

新手飼主該如何決定餵食的量？

初次養狗的人，有時會因為該餵食多少飼料而困惑不已。

如果飼主以「自己的食量」為標準，會因為習慣盡可能讓愛犬多吃一點而造成問題；但如果餵得不夠，愛犬又會想討食物吃而整天不停吠叫。

狗和人類一樣，根據年齡和性別的不同，適當的飲食攝取量也有所差異。另外，隨著運動量和犬種的不同，攝取量也出現相應的變化。原則上，狗一日所需的基本熱量如下所示。

體重5公斤左右……350大卡

體重10公斤左右……600大卡

當愛犬體重超過十公斤，每增加五公斤，所需熱量便要增加兩百大卡。舉例來說，體重二十公斤的狗須攝取一千大卡，三十公斤則要攝取一千四百大卡。

依據運動量和體重來判斷

不過上述數據是根據一般運動量計算所得，也就是一天散步兩次，和飼主玩三十分到一小時為前提。

假使散步量不足或是沒有進行遊戲的話，就要將上述的數字減少八五％（例如體重10公斤左右的狗，為600×0.85＝510大卡）。

相反地，在玩飛盤等運動量大的情況下，即便將上述的數字增加一五〇％（例如體重10公斤左右的狗為600×1.5＝900大卡）也沒有問題。

不過這些數字終究只是一項指標，可以的話，最好每天測量愛犬的體重，體重不足就增加餵食量，覺得肥胖就狠下心來減少餵食量。

順帶一提，一天的熱量攝取也包含管教時給予的零食。

一日所需的基本熱量

狗的體重	所需熱量
5kg 左右 	350kcal
10kg 左右 	600kcal
20kg 左右 	1000kcal
30kg 左右 	1400kcal

過去人們認為成犬只需要每天餵食一次即可，但餵食次數太少，反而會增加腸胃負擔，所以近來提倡一日攝取量分成兩次餵食。若愛犬超過7～8歲，運動量減少時，也可以將餵食時間改為一天3次。

自家愛犬很喜歡吃貓飼料，這樣沒問題嗎？

會變得不想吃狗飼料

狗飼料和貓飼料在人類的眼裡實在相差不遠。在大拍賣看見便宜的貓飼料時，飼主常會考慮：「不如改餵這個算了，反正差不多。」但事實上，狗飼料和貓飼料是兩種截然不同的食物，畢竟狗和貓吃的東西完全不同。

狗屬於雜食性動物，像水果、穀物和蔬菜等肉類以外的食物，牠們也能消化和吸收。相較之下，貓是完全的肉食性動物，牠們只需要攝取肉類或魚類等動物性蛋白質。

貓飼料與狗飼料相比，裡面含有大量的脂肪和蛋白質等配方，可想而知，貓飼料的熱量自然高出許多，若是狗狗長期攝取的話，很快就會營養過剩而迅速變得肥胖。

此外還有味道上的問題。狗的舌頭上用來感受味覺的味蕾約為兩千個，只有人類的五分之一；換言之，與人類相比，狗的味覺非常遲鈍。

貓的味蕾更少，只有五百到一千個左右，而且能感受到的味道只有「鹹味」、「酸味」和「苦味」這三種。肉食性的貓完全不需要「甜味」，所以這種味覺感受器便退化了。

為了讓味覺遲鈍的貓也能享受鮮美的味道，因此貓飼料中含有大量的肉汁和魚精，有些貓飼料甚至是用一顆顆包覆食物精華的方式製成。換言之，經過充分調味（除了鹹味）的貓飼料味道濃郁，正符合狗的口味。

如果餵狗吃貓飼料，會讓牠覺得比平時吃的食物更好吃，之後便不再吃那些味道清淡且熱量不高的狗飼料了。

雖然餵狗吃貓飼料不會造成嚴重的健康問題，但相反地，若是持續餵貓食用狗飼料的話，會導致貓的視力下降，不久就會失明。這是因為狗飼料中缺乏牛磺酸，這種胺基酸是貓的視網膜細胞不可或缺的營養素。

身心 9

對狗來說指甲剪太深，就像剪尾巴一樣痛

剪指甲時一定要細心

將狗養在室內的人都知道，狗走路時常會發出「咔咔」的聲音。狗不像貓一樣能自由伸縮爪子，所以走路時指甲會碰到地面。

狗的指甲長得很快，是因為野生時代的狗狗會用指甲抓住地面，才能在山野間裡奔跑，所以必須儘快長出指甲。

然而，現代的狗運動量卻明顯減少，也因此有愈來愈多的狗因為指甲過長而刺進腳底的肉墊，或者受到指甲影響而滑倒，造成意外傷害。因此飼主最好每二到三週檢查一次指甲，如果太長就要剪掉。

有些狗只要一看到指甲剪，就會馬上狂吠或躲起來。之所以有這種反應，是因為飼主曾經將指甲剪得太短，讓愛犬感到疼痛不已。

如果仔細觀察狗的指甲，會發現它的根部呈現紅色，這個有血管和神經通過的部位叫作「活肉」（quick）。如果切斷這個部位，不僅會流血，還會產生劇痛。

人類可能不了解這究竟有多痛，但對狗來說，活肉被剪斷就像切斷尾巴一樣痛苦。有過如此疼痛的經驗，會討厭指甲剪也是理所當然。

但可不能因為這樣就不剪指甲，我們可以一邊溫柔地對牠說「別害怕」、「不痛不痛」，一邊小心翼翼地將指甲慢慢剪下來。剪完指甲後，就用零食來獎勵愛犬，讓牠知道「剪指甲會有好處」。

想讓愛犬忘記指甲剪的恐懼，只能像這樣謹慎地慢慢讓牠接受。

有些狗的指甲是黑色的，在這種情況下看不出活肉的位置，所以剪指甲時要更加謹慎。一旦發現指甲前端滲出透明的液體（淋巴液），就要立刻停止；如果剪得更深，就很有可能導致流血和劇烈疼痛。

異常口臭是牙周病的警訊，小型犬更要特別注意

即使是牙周病也可能致命

當愛犬舔我們的臉時，有時會聞到一股難以形容的惡臭，這代表牠有可能罹患牙周病。

根據某項調查，五歲以上的狗，罹患牙周病的比例會急劇上升，若沒有採取相應措施，幾乎所有的狗在十歲前都會罹患牙周病。

順帶一提，牙周病和蛀牙不同。令人羨慕的是，狗不容易得到蛀牙，齒槽膿漏和口腔潰瘍才是狗比較容易罹患的牙齒疾病。

有趣的是，牙周病惡化的速度會隨著狗的體型而不同。一般而言，小型犬的惡化速度比大型犬更快。

這是因為大型犬和小型犬的牙齒數量同樣都是四十二顆，可是小型犬的下顎骨比大型犬還小，因此牙齒長得比較密集，牙齒和牙齒之間容易殘留食物殘渣。此外，小型犬支撐牙齒的骨頭比大型犬還薄，一旦罹患牙周病，骨頭就會開始融化，導致病情很容易惡化。

狗比人類更重視牙齒。倘若牙齒因牙周病惡化而脫落，就會突然失去活力，而且牙菌斑和牙周病流出的膿液會引發腎發炎或骨髓炎。

如果希望愛犬健康長壽，除了食物之外，也要注意牠的牙齒，具體而言就是要養成刷牙的習慣。

過去也有專家認為狗不會蛀牙所以不需要刷牙，但現在狗的平均壽命延長，因此情況就變得不同了，如果可以的話，至少每三天刷一次牙。當狗狗成年才開始練習刷牙反而會令牠們排斥，建議要從幼犬時期養成刷牙的習慣。

每三天刷牙一次

刷
刷

小型犬的牙齒
又小又密集，
很容易殘留
食物的殘渣

引發牙周病的牙菌斑，會在飯後立刻繁殖，所以在飯後30分鐘內替愛犬刷牙最為理想。此外，如果只餵食愛犬軟性的狗飼料，牙齒很容易附著牙結石，最好的辦法就是和乾燥的狗飼料一起食用。

狗狗忽然流淚，代表牠們也能感受到悲傷嗎？

注意眼淚顏色和眼屎分泌

有些飼主看到愛犬流淚哭泣，會以為「果然牠還是有什麼傷心事吧……」。遺憾的是，狗並沒有悲傷的情感。

有異物或灰塵跑進眼睛時，我們會用手指揉眼睛，但狗的前腳不像人類的手那麼靈活，所以只能靠暫時鬆弛淚腺的方式，分泌大量的眼淚來沖掉異物。

自古以來，「淚眼汪汪」的女性就特別惹人憐愛，女性分泌許多眼淚，使眼睛變得水汪汪，令男人不禁想憐香惜玉。同樣的情況也適用於狗的身上。

當主人看到愛犬的眼睛溼潤時，就會忍不住抱起牠，一邊安慰「你真可愛」。事實上，這正是愛犬健康亮起黃燈的訊號。若不馬上處理，眼瞼或眼睛下方就會出現發炎或溼疹，眼淚所含成分會導致眼睛到鼻子部分的毛髮染成紅褐色，形成所謂的「紅淚痕」，進而影響愛犬可愛的樣貌。

當愛犬分泌大量眼淚時，有可能就是角膜炎、結膜炎或鼻淚管堵塞的徵兆。鼻淚管堵塞是通往鼻子的淚小管發炎，使得眼淚溢出眼睛的一種疾病。

特別是巴哥犬、吉娃娃、鬥牛犬這類短吻犬種（顏面扁平的犬種），淚小管多半都是錯綜複雜地彎曲，所以很容易阻塞。再加上為了要保護突出的眼睛，眼淚的分泌量也較一般犬種多，因此更容易罹患流淚症，必須比其他犬種更加留意。

如果發現愛犬的眼淚顏色混濁，或流出如膿液般的黃色眼屎，這就代表健康亮紅燈。有可能是傳染性肝炎或犬瘟熱等致命疾病，務必要儘快找獸醫諮詢。

雖然使用狗專用的化妝水擦拭淚痕就能清理乾淨，但仍無法解決根本問題。對愛犬的嚴重紅淚痕感到苦惱的人，不妨更換狗飼料試試，有些狗狗的紅淚痕在調整飼料後，會在1個月左右後消失。

身心 12

狗狗不瞭解人類的語言，用力誇牠也不會開心

面帶微笑誇獎才是關鍵

訓練愛犬時，採取正確的誇獎和責罵方式相當重要。雖然看似理所當然，但能做到這一點的飼主卻是少之又少。

例如無論怎麼稱讚愛犬，牠都不會露出開心神情；有時想摸頭，卻看見牠害怕得全身發抖。這時飼主可能會認為「這隻狗真愛鬧彆扭」，但這些行為其實是飼主自己造成的。由於飼主沒採取正確的誇獎方式，因此讓愛犬搞不清楚飼主究竟是讚美還是生氣。

誇獎愛犬時，最重要的動作就是微笑。愛犬其實會仔細觀察飼主的表情，如果誇獎牠：「你做得很好。」卻擺出平淡的表情，牠就會認為：「難道我沒做好嗎？」為了不讓愛犬產生誤會，一定要在誇獎時給牠一個微笑。

當然，語言也很重要。對愛犬說話時，要盡量用相同的詞彙來誇獎牠，如果昨天用「做得好」、今天用「了不起」來稱讚牠，反而會令狗狗聽不懂意思。當家裡成員人數較多時，最好先決定要固定用哪個詞彙讚美愛犬，之後讚美時使用這個詞彙，一邊摸摸牠的身體。

撫摸的方式也有需要注意之處，基本上是使用手心，從頭部朝尾巴的方向撫摸。如果撫摸腹部或耳朵這些狗不喜歡被觸碰的部位，反而無法讓牠有受到讚美的感覺。

最後是拿出零食這個最終武器。對動物來說，零食是最大的讚美，但必須在誇獎和撫摸之後再給予零食。如果先餵零食的話，有些狗狗反而會出現「好鬱悶，別碰我啦！」的反應，所以讚美時一定要遵守這個順序。

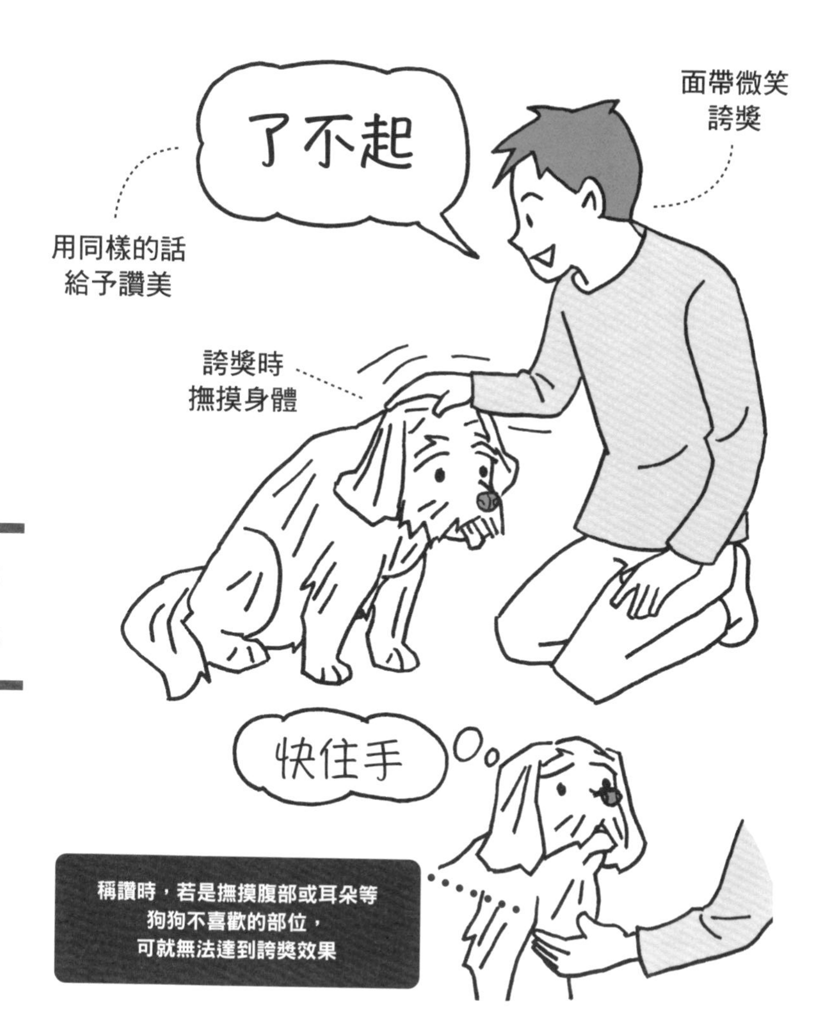

大賣場時常可見各式各樣令人感興趣的狗零食，但是為了愛犬的健康著想，飼主應該盡量挑選熱量較低的零食，例如寵物用的蔬菜棒（也可以自己煮蔬菜），就是不錯的選擇。

採取斯巴達教育卻遭到激烈反抗，該如何是好？

多使用「不行」、「喂」這類短語

訓斥其實比誇獎還要困難。如果訓斥的方式不對，愛犬就會反抗，這不僅會使牠的問題行為更加惡化，有時甚至還會做出攻擊飼主的行為。可是別忘了，追根究柢，這些問題仍要回歸飼主自身。愛犬的行為是否會出現問題，全取決於訓斥的方式。

首先想提醒各位一下，狗聽不懂人類的語言。由於聽不懂詞彙的意思，就算突然對牠說「不行」，牠也不知道這句話究竟是責罵或讚美，然而我們卻總是抱怨「愛犬完全不懂得反省」。

和誇獎一樣，責罵時也要使用固定的語句。飼主可以把「不可以這麼做」、「停下來」這些長句替換成「不行」、「喂」這些發音較為明確的短語，如此就能讓愛犬更快記住。

假設飼主決定使用「不行！」這個短語，當愛犬做了不該做的事情時，就要立刻盯著牠的眼睛訓斥：「不行！」同時做些令牠感到不舒服的事。

不舒服的事當然不包括暴力，而是像發出巨大的聲響，或是用水槍噴牠。

但這些事不能由訓斥「不行！」的人來做，必須由躲在暗處的第三者來執行，如此就能讓愛犬以為，當聽見「不行！」這句話時，就會發生不愉快的事情（受到懲罰）。只要持續一段時間，之後當說出「不行！」這句話時，愛犬就會立即停止當下的行為。

飼主不妨觀察愛犬的反應，判斷牠是否能看出飼主對現在的行為感到生氣。例如當對愛犬說「不行」時，看狗狗是否會出現移開視線或靜止不動的舉動；如果看到牠趴下或打哈欠，就表示牠已經能區分了。

有些飼主會在愛犬做壞事後，罰牠不准散步或吃飯，可是狗狗並不知道飼主為什麼不帶牠出去散步，為什麼不能吃飯。這樣的懲罰無法達到管教的效果，而是一種虐待，所以最好還是別這麼做。

身心 14

失去尾巴，就無法看出狗狗的感受

不但失去平衡感
還會造成疾病

「斷尾手」術是將特定犬種的尾巴截斷，使外表看起來更美觀。據說原本是為了防止鬥犬的尾巴遭到對手咬斷，才開始採取這種做法。斷尾手術通常是在出生後一週內進行，一般認為在這個時期斷尾的話，就能降低狗的疼痛感，但事實上似乎仍相當疼痛。

從愛護動物的觀點來看，應該禁止斷尾手術的聲音正逐漸成為主流，歐洲甚至將這種手術視為「虐待動物」而明文禁止。

除了尊重生命的用意之外，斷尾還會衍生另一個問題，那就是更不容易看出狗狗的感受。正如第一章中所介紹，狗的尾巴是表達心情的重要部位，一旦切斷，就意味著失去與飼主和其他狗之間的交流手段。

舉例來說，如果沒有尾巴，就不能做出在第18頁介紹的「夾尾巴」動作。斷尾的狗若是遇到強壯的狗，不僅不能表達「我不打算與你作對」的心情，反而還會被誤認為「這傢伙想較量嗎？」導致經常引來攻擊。

此外，尾巴不僅能保持身體平衡，還能覆蓋鼻子，避免冷空氣直接進入體內。因此若是對長尾巴的犬種施以斷尾手術，往往容易發生失去平衡而墜落等事故，也會導致吸入冷空氣引起呼吸系統疾病的機率大增。

值得一提的是，另外還有一種類似斷尾的剪耳手術。這種手術的主要目的是割掉耳朵的下垂部分，讓耳朵得以豎立起來，這在歐洲也被視為是虐待動物的行為，正逐漸受到禁止。

斷尾手術是為了保持體型均衡，因此斷尾的長度會視不同犬種而定。例如㹴犬只會切斷前端約三分之一，而拳師犬和杜賓犬通常是從根部整個切斷。

無論叼著什麼東西，試圖搶走就會一口吃掉的怪癖

小心養成啃咬習慣的狗

前面的章節已經提過，狗吃大便未必是異常或生病。可是有些狗會隨意吃掉眼前的東西，例如襪子、彈跳球、昆蟲、燈泡、醫藥品等物品。

吃掉不適合作為食物的東西，這樣的行為叫作「異食癖」。有些東西對身體有害，若看見愛犬吃下有害的物品，無論如何都要讓牠吐出來。

有些狗狗飼養書會建議「這時只要餵愛犬喝牛奶就好」，但是如果在吞下防蚊液時喝下牛奶，反而會加快有毒成分的吸收，因此若是不清楚愛犬吞下的是什麼，最好還是求助獸醫。如果吞下的是襪子或是彈跳球這類體積較大或難以取出的物品，有時甚至必須開刀取出，弄不好還可能會危及生命，所以千萬不能輕忽。

我們可以從有異食癖的狗身上看出一定傾向，首先是非常喜歡亂咬東西。雖然幼犬經常亂咬東西，但有異食癖傾向的狗，亂咬東西的情況會更加嚴重。

除了對啃咬的東西緊咬不放之外，還會叼著某些東西四處遊蕩。

如果有人想搶奪叼在嘴裡的東西，狗狗就會認為「與其被搶，還不如吞進肚裡」，久而久之便養成異食的習慣。

順帶一提，也有研究認為異食癖和遺傳有關。如果愛犬的兄弟姐妹有異食的傾向，請務必注意別搶走牠的東西；另外，壓力也可能引發異食癖，所以飼主必須付出更多的耐心關懷愛犬。

如果之前的飲食沒有異常，但自家愛犬卻突然開始有異食癖的傾向，就要懷疑是否有寄生蟲的問題。如果有絛蟲或蛔蟲寄生，就會造成消化不良，甚至把平時絕對不吃的東西吃掉。

身心 16

突發性攻擊，是無法預測的危險疾病徵兆？

在毫無預兆之下突然亂發脾氣

狗攻擊其他動物（包括人類）的主要原因，有下列四項。

①**為了保護地盤**……為了要排除侵入自己地盤的外來動物。

②**為了突顯優勢**……當行為受到地位不如自己的人制約，或想表示自己地位較優越時就會發生。若飼主受到攻擊，就表示在愛犬心中的定位是「僕人」。

③**希望獲得關注**……嚴格來說不算是攻擊，但當狗狗以為只要咬對方就能受到關注時就會發生。

④**因為恐懼**……狗急跳牆的模式，被逼入退無可退的情境時就會發生。

儘管我們可以透過糾正管教或飼養方式來減少這類攻擊，但突發性攻擊卻完全無法預測，而且目前仍找不到有效的對策。

突發性攻擊是一種名叫「史賓格突發性激怒症候群」（Springer Rage Syndrome）的疾病症狀，這種疾病一開始是在史賓格犬身上發現，因此便以這個犬種名來命名。此外，黃金獵犬和狸犬也有過發病的案例，因此其他犬種也不能掉以輕心。

一旦罹患這種疾病，狗就會在毫無徵兆的情況下突然發怒，繼而隨機發動攻擊，而且攻擊時完全不會手下留情。如果攻擊的對象是狗，就會造成危及生命的傷害，即使是人類也會受到重傷。

然而此時狗狗本身並沒有意識，而當症狀獲得控制之後，會有一段恍神時間，不久便恢復正常狀態。

針對這個疾病，也有一說認為可能是大腦疾病所引起。無論如何，只要愛犬出現這種症狀，就要儘快找獸醫諮詢。

為什麼狗會攻擊我們？

史賓格突發性激怒症候群

史賓格犬是一種專門獵鳥的代表性犬種。另外還有具備敏捷和耐力等特質，擅長驅趕躲在暗處的獵物的英國史賓格犬，以及以耐力強、能忍受酷暑和嚴寒環境著稱的威爾斯史賓格犬。

身心 17

狗狗膽小畏縮，可能是對人類抱有恐懼症

讓愛犬產生自信非常重要

有些從保護協會等處領養的狗，會整天提心弔膽、畏縮不前。或許有些狗天生就膽小，但經歷過離開飼主、迷路等不安，以及遭到捕捉時的恐懼感，這類體驗也可能會形成這樣的性格。

如果此類現象發生在人類身上，一般稱為「恐懼症」。像是看見蜘蛛或狗這些特定對象時，有恐懼症的人會嚇得渾身僵硬，動彈不得。這樣的恐懼心理嚴重時會對日常生活造成影響，而膽小的狗可能就是對人類懷有恐懼症。

要戰勝恐懼症，最好的辦法就是慢慢習慣恐懼的對象；也就是說，害怕人類的狗，只要慢慢習慣人類就沒問題。

要讓狗狗適應的重要關鍵就是——絕對不要做狗狗不喜歡的事。

具體而言，像是盯著眼睛慢慢靠近、做出有如騎乘動作般壓倒在地的姿勢、拉耳朵或尾巴、摸肚子、在狗面前舉手或舉起道具等，這些行為都要避免，因為有些狗會從這些姿勢聯想到挨打。

飼主在協助狗狗適應前，靠近狗的時候必須迂迴前進，以免牠產生戒心。最好的辦法是背對靠近狗狗，但弄不好反而會不小心踩到牠的腳。一旦讓狗狗受到驚嚇，很可能會使牠們奮不顧身地反擊，所以一定要小心。

等到愛犬能接受飼主靠近之後，再教牠遵守指令。這個階段最重要的就是即使沒有做好，也別責罵牠；教導時不忘讚美，幫助愛犬產生自信吧。

不能對有恐懼症的狗做出下列行為

當飼主在管教愛犬時，應避免和其他狗比較。當狗狗聽不懂指令時，若是對牠說：「為什麼〇〇的狗可以做到，你卻怎麼樣也聽不懂。」愛犬可是會敏銳地察覺到主人的煩躁心情而畏縮不前。

即使沒有狗語翻譯機，也能通過叫聲瞭解愛犬的心情

希望能知道我的感受

各位有聽過「搞笑諾貝爾獎」嗎？這是針對好笑和引人深思的研究提供獎勵的國際獎項。

「狗語翻譯機」就是二〇〇二年獲得搞笑諾貝爾獎的產品，這個溝通工具可以幫助我們分析狗的叫聲，並透過螢幕顯示叫聲的意義。

可能有人會覺得這未免太荒謬了，但是日本音響研究所所長鈴木松美這位聲音專家，也參與了狗語翻譯機的開發，並且得出「狗的聲音比人類更能傳達至心靈」的結論。

不過，即便沒有狗語翻譯機，我們也能從狗的叫聲中瞭解某種程度上的感受。

前面的章節已經介紹過，當狗狗用高亢的聲音大叫一聲「汪」時，就是高興的表現。如果鄰居的愛犬對你這麼叫時，只要舉起手，對牠說聲「你好嗎」，狗狗就能感受到你友好的回應了。

低聲吼叫代表狗狗累積了不少挫折，給人一種「有些煩躁」的感覺。

如果狗的心情變得更加煩躁，低吼聲就會拉長，代表牠正嚴厲警告「再靠近就要攻擊了！」所以這時千萬不要貿然靠近。

如果狗發出「哼哼」的聲音，就表示牠有某些要求，有可能是想拜託我們帶牠出去散步。

至於哼著鼻子發出「咕咕」聲，則是狗狗表達「我好孤單」的表現，如果聽到這種聲音，不妨過去抱抱牠。

俗話說「嘆氣會讓幸福溜走」，狗嘆氣也不是什麼好兆頭，因為這有可能是絲蟲病的徵兆。絲蟲病是以蚊子或虻作為媒介，將寄生蟲送入狗的體內而引發的疾病，嚴重時甚至會奪走狗的生命。

身心 19

想和愛犬一起開車旅行，就要每天慢慢讓牠習慣

留意車輛晃動和如廁問題

近來有不少打著「和寵物一起過夜」的住宿設施正快速增加。過去全家出遊只能將愛犬寄放在寵物旅館，如今也能帶著愛犬一起出去旅行，我想應該有許多人都想開車帶著愛犬一起享受旅行樂趣吧。

但對狗狗而言，車內空間完全超乎牠的預料。在車流中，隨處都能聽見噪音，大多數的狗若忽然間待在這樣的空間裡，往往會嚇得魂不守舍。

想讓愛犬變得喜歡搭車，唯一的方式就是讓牠習慣，飼主不妨試著先從住家附近大致繞一圈開始。當車子與大型車輛擦肩而過時，會令狗狗感到害怕，所以最好從交通量不大的深夜或清晨時分開始嘗試；照這樣的方式，慢慢地拉長時間和距離。

即使是平時沒有分離焦慮的狗，若是獨自待在陌生的車內空間，也會產生強烈的不安感，所以一開始要全程陪伴牠；等到稍微習慣後，就試著將愛犬短暫留在車上，到便利商店買個東西，如果回到車上發現牠表現不錯，記得要給予獎勵和讚美。

人類坐車時，會因為「即將右轉，要避免讓身體向左傾倒」的慣性，無意識地撐住身體，但是狗卻做不到這一點。即使轉彎幅度不大，狗狗也很容易失去平衡，因此載著愛犬時，最好保持平常的車速。

就算狗狗能忍受長時間的旅程，也不能忽略準備工作，在出發前一小時餵完食物和水，以免愛犬在旅途中想大小便。平時在車上表現良好的狗，若是開始四處聞氣味，就表示想上廁所了，這時要儘快停在安全的地點，將愛犬帶到車外如廁。

習慣搭車的狗，總是想從窗戶探出頭來，然而狗並沒有速度的概念，如果這時看見路邊有一隻發情的母狗，牠會毫不猶豫地跳出車窗。為避免發生這類事故，愛犬搭車時切勿打開窗戶。

身心 20

喜歡鞋子和拖鞋，是因為咬起來的感覺很舒服

客人的鞋子一定要收進鞋櫃內

前來家中拜訪的客人準備回家，卻發現放在玄關的鞋子竟然少了一隻，犯人無庸置疑就是自己的愛犬。就算出動全家人尋找鞋子，也找不到究竟藏在哪裡，最後只好讓客人穿著涼鞋返家……。

喜歡做這種惡作劇的狗真是讓人傷腦筋。話說回來，狗狗為什麼要把鞋子藏起來呢？

箇中原因似乎是出在材質上。鞋子通常是用皮革和橡膠等材質製成，這樣的硬度正好讓狗咬起來感覺很舒服。

這麼說起來，大多數的狗玩具都是用橡膠這類材料製成，鞋子的皮革和鞋底的橡膠雖然比玩具硬，但還不至於讓狗咬不動。懵懵懂懂的幼犬好奇心尤為旺盛，無論任何東西都想咬看看，而剛好能讓犬齒刺入的鞋子正是牠的最愛。

狗會依據本能，將喜歡和重要的物品珍藏在某處，之後再拿出來慢慢享受。雖然對人類來說是惡作劇的行為，但狗只是遵循本能行動，完全沒有惡意。

即使是經過嚴厲管教而不再對家人鞋子惡作劇的狗，也無法抵擋客人鞋子所帶來前所未有的氣味魅力。儘管一開始對陌生的鞋子有幾分畏懼，但只要咬過之後，就會變得十分興奮而愛不釋手，於是便藏在一個沒人知道的祕密場所。

就算飼主嚴聲厲色地責問牠：「究竟藏到哪裡去了！」狗也聽不懂意思，更不可能帶我們到藏東西處。飼主所能做的應對辦法，就是只要有客人拜訪，鞋子便一定要收到鞋櫃裡。

有些人看到狗穿著鞋子，會不禁皺起眉頭認為「保護過度」，不過狗的肉墊其實不如想像中的堅硬。據說在德國的杜塞道夫，為了防止重要的警犬腳底受傷，也會讓牠們穿著鞋子展開搜查工作。

身心 21

狗對酷熱沒轍，出現熱病徵兆要第一時間處理

夏天散步堪稱最嚴酷的運動

狗非常不擅長應付炎熱天氣，雖然有許多人相信「動物的身體比人類強壯」，但夏季可就另當別論了。狗的汗腺只分布在肉墊上，不易散發體內蓄積的熱量，不僅比人類更容易中暑，內臟還可能出現嚴重損害，因此夏季的健康管理顯得格外重要。

我們可以在散步時觀察愛犬的情況，確認牠是否中暑。如果感覺愛犬的步行速度比平常慢，或者在途中多次停下腳步，就有可能是中暑的徵兆；而平常生活在室內的狗，則會變得不想去散步。

遇到這種情況時，可以讓愛犬充分補充水分，並且選擇在涼爽的早晨和傍晚散步。即使做出上述改善，愛犬仍然對散步興趣缺缺的話，那麼不妨中斷幾天試試。

過了幾天仍不想散步，不僅睡眠時間增加，飼料也吃剩超過一半的話，就表示狗狗得到熱病，這時就要請獸醫診斷。

如果食慾不振，甚至什麼也不吃，就屬於重度熱病。一旦有不理會主人呼喚、腹瀉或嘔吐的情況時，務必要儘快就醫。

順帶一提，夏天散步對狗來說是嚴酷的運動。夏季路面在陽光直射之下，表面溫度會超過五十度，還會產生額外的熱輻射，導致狗狗靠近路面時體溫迅速飆高，就算伸出舌頭大口呼吸、試圖降低體溫，仍然會因為路面附近的溫度過高而難以承受；尤其是不容易感到口渴的小型犬，經常因體內缺乏水分而生病。就算散步是日常活動，也要視情況而定，未必非得勉強出去散步不可。

中暑

步行速度變慢或
停下腳步

熱病

不想去散步，睡
眠時間增加，飼
料剩下一半以上

重度熱病

呼喚名字沒有回
應，有腹瀉和嘔
吐症狀

狗的平均體溫約38℃。動物體溫一旦超過42℃，便會引發身體組織變異而死亡，而狗只要體溫上升4℃就會有致命的危險。氣溫24℃、溼度50%左右的環境，對狗來說是最舒適的條件。

身心 22

狗穿上衣服會特別開心，是真的嗎？

體溫下降或視術後需要

有很多人都會給愛犬穿上衣服，聽說也有專門販售狗禮服的商店，這點實在令人驚訝。

有些人認為給狗穿衣服，感覺就像是虐待動物，但飼主可不這麼想。大部分的飼主主張：「愛犬穿上衣服時看起來很高興，所以這並不是虐待！」然而事實確實如此嗎？

即使給愛犬穿上色彩鮮豔的和服或連身禮服，牠也無法準確判斷顏色，對款式也沒有絲毫概念；既然如此，那為什麼狗穿上衣服會高興呢？

答案是因為穿上衣服的話，就能夠得到主人的誇獎，同時還會受到眾人矚目的緣故。狗狗感受到旁人的喜悅就會變得開心，而不是對穿上衣服這件事本身而感到高興。

話雖如此，穿衣服還是有幾點好處。例如吉娃娃這類小型犬或老狗都會怕冷，只要在冬天散步時穿上衣服，就能維持身體溫度；而大型犬和年輕的狗，若在下雨天穿著雨衣，也能有效防止體溫下降，散步回家後也方便儘快吹乾毛髮。

除此之外，近來日本有愈來愈多的狗對花粉過敏，為了不讓花粉沾到身體，有些飼主也會給愛犬穿上衣服。動手術或傷口護理時也需要穿衣服，這樣一來就能防止愛犬舔舐傷口。

但是，若飼主想在炎熱的夏天給愛犬穿衣服時，就得斟酌一下。因為狗不能出汗，本來就很怕熱，若再加上衣服，就更容易引發中暑了。

一般來說，小型犬比大型犬更怕冷，因為愈小的動物，體內必須製造更多熱量，才能夠保持體溫。這就是為什麼生活在寒冷地區的恆溫動物，體型通常較為龐大（例如北極熊或馴鹿）的原因。

雖然大家常說「狗爬式」，但並非所有的狗都會游泳

如果不願意就別強迫

抬起頭、用雙手雙腳划水前進，這種游泳姿勢便稱為「狗爬式」。據說這個名字是源自狗的游泳方式。

不過，其實並不是所有的狗都懂得用狗爬式游泳。有些狗不敢下水，有些完全不會游泳，甚至還有狗會溺水，因此若突然讓愛犬進入河川或海裡游泳是很危險的行為。

狗原本就很擅長游泳，尤其獵犬這類犬種更受過回收水中獵物的訓練，其中也不乏游泳好手；然而從小除了洗澡以外，完全沒有泡過水的室內犬，往往會忘記自己擅長游泳這件事。此外，洗澡時的經歷對某些狗會造成心理創傷，這也成為牠害怕水的原因。

想讓愛犬喜歡游泳，可以在出生後約一個月起，試著把牠放進水位低（溫水）的浴缸裡慢慢習慣。和幼兒一樣，飼主也能將玩具放進水裡和牠玩耍，這也是有效的訓練方式。

即使愛犬不再害怕水，也不能立刻帶牠到河裡或海裡。特別是海，就算是深諳水性的狗，也會因海水的鹹味和海浪而受到驚嚇，進而溺水。愛犬若在大海或河裡有過不好的回憶，便再也不敢游泳了，可見第一次的下水經驗非常重要。如果到了海邊，不妨先在沙灘和狗狗盡情玩耍，之後再試著引導牠進入海裡；如果愛犬出現抗拒的態度，就別強迫牠，因為逼得愈緊，只會令牠對水愈發恐懼。

即使是善於用狗爬式游泳或喜歡玩水的狗，也會不小心喝到水。玩完水之後，先讓愛犬充分休息再移動，否則有可能會在車內或室內腹瀉或嘔吐。

如果身邊有人飼養拉布拉多犬，不妨觀察一下牠的指間，我想應該可以在這個部位看見腳蹼。據說這是因為拉布拉多犬是為了回收掉進河裡或池塘裡的水鳥，特別經過人工改良後的犬種。

體型愈小活得愈久——狗的壽命與體型大小成反比

在日本，只要年滿二十歲就會被視為是成年人。但是狗成為成犬只需一年的時間，這代表狗的一年相當於人類的二十年。

有人不禁要問：「也就是說，五歲的狗相當於人類一百歲？」

事實上，狗的年齡計算方式和人類完全不同。第一年就成年的狗，從第二年開始，每年是按照人類的五歲遞增。按照這個方式計算，五歲的狗換算成人類的年齡約為：

20＋（5－1）×5＝40歲

也就是說，相當於人類的中年期。

愛犬的壽命應該是每位飼主最關心的事，一般而言，體型大小和狗的壽命成反比。例如貴賓犬或迷你臘腸犬等小型犬的壽命約十五年，柴犬等中型犬的壽命約十三年，黃金獵犬等大型犬的壽命約十年。

然而近年來由於狗飼料改良、室內飼養增加、醫療技術進步等條件之下，狗活到二十歲也並非什麼稀奇的事。

十歲以後罹癌機率大增

不過，隨著長壽接踵而來的問題是，愈來愈多的狗狗開始罹患過去不常見的疾病。

以癌症為例，狗狗十歲以後，身體的免疫力就會開始下降，使得罹患癌症的機率急劇攀高；而十五歲以上的狗當中，也有些狗會像人類一樣得到失智症。

另外，也有不少足腰變得虛弱而無法外出散步的狗，這時最好儘早修正在外面上廁所的習慣。

狗的平均壽命

犬種	壽命
小型犬 貴賓犬、迷你臘腸犬等	約 15 歲
中型犬 柴犬等	約 13 歲
大型犬 黃金獵犬等	約 10 歲

據說舒柏奇犬是平均壽命最長的犬種，這是一種將牧羊犬小型化，用來在船上捕捉老鼠的獵犬，其特點是樣貌和狐狸相似，擁有高度的警戒性和忠誠度。值得一提的是，牠的平均壽命竟然約在20歲上下！

身心 25

狗的身體老化從七歲開始慢慢進展

由體重增加開始逐漸呈現衰老

一般來說，狗會從七歲開始老化，此時換算成人類的年齡約為五十歲左右。

老化的徵兆是以體重增加的形式開始呈現。儘管餵食和以往一樣多的食物，但愛犬仍開始慢慢長出贅肉。這是因為肌肉和運動量減少、基礎代謝率下降（熱量消耗減少）而產生的現象。

話雖如此，若是突然減少餵食量，外出散步時狗狗就有可能亂撿東西吃或出現異食癖，因此必須想辦法換成老狗用的飼料，讓愛犬在維持食量的情況下降低攝取的熱量。

有些狗過了十歲就不喜歡被人觸摸，這表示牠罹患了關節炎。一碰到身體，關節就會劇烈疼痛，有些狗甚至因為不舒服而會做出咬人的舉動。不少飼主對原本溫馴的愛犬突然性情大變而感到訝異，沒想到背後的問題居然這麼嚴重。若受到愛犬攻擊，也別用「以牙還牙」的方式來報復，必須要以不接觸身體為前提，想辦法讓愛犬感受到飼主的愛。

呼喚名字沒有回應、靠近時驚嚇狂吠，一旦出現這些行為就代表愛犬開始老化了，這就是聽力衰退的最佳證明。由於無法捕捉到飼主的腳步聲，感覺就像突然出現一樣，使得愛犬在驚慌失措之下開始吠叫。

如果十五歲以後出現呆滯時間變長、大小便失禁、朝空無一物的方向吠叫等現象，就有可能是罹患失智症。

據稱養在室內，且經常獨自看家的狗容易罹患失智症。隨著愛犬年齡增長，飼主不妨多花一點時間陪伴牠。

狗的老化

隨著年齡增長，應盡量花更多的時間陪伴

7歲～

●開始出現贅肉

10歲～

●討厭人類觸碰
●呼喚名字也沒有回應

15歲

●老是發呆
●大小便失禁
●朝空無一物的方向吠叫

適度運動可以預防失智症。老狗走路的速度緩慢，外出散步要花不少時間，散步時也要配合牠的速度移動，將腳步放慢一點。順帶一提，世界上最長壽的狗是一隻澳洲的牧羊犬，牠的名字叫布魯伊（Bluey），據說壽命長達29歲5個月。

狂犬病現今依然猖獗，身處海外請小心被狗襲擊

國外的狗不若國內狗安全

對日本人而言，狂犬病似乎已然成為過去式，但是從全球的角度來看，仍然是一種近在咫尺的可怕傳染病。二〇一六年，印度有大約七千四百人罹患狂犬病，日本人常旅遊的菲律賓，也有超過五百五十人的感染案例；二〇〇六年十一月，也發生過日本人在國外被野狗咬傷，回國後即發病死亡的不幸事件。

由此可見，日本沒有狂犬病是近乎奇跡般，可是目前只是勉強堅守住防線，狂犬病隨時都可能出現。

儘管愛狗人士到國外旅行時多半都想接觸狗，但就預防狂犬病的觀點來看，國外的狗並不像日本那麼安全。

人類遭到感染狂犬病的狗咬傷時，症狀會按照下列幾個階段發展。

前驅期……潛伏期間約四到六週。不僅傷口開始疼痛，身體也開始出現麻痺，焦慮和憂鬱的心情持續約兩天。

興奮期……毫無理由地焦躁，對聲音和氣味變得敏感，同時感到喉嚨堵塞，呼吸和飲食都變得困難。雖然極度口渴，但一想到水就會在吞嚥時感覺肌肉劇烈地抽搐。狂犬病過去稱為狂水症，正是基於這個症狀。隨著時間經過，也可能產生神經錯亂。

昏迷期……興奮期持續三到五天後，出現劇烈痙攣，或是腦神經和全身肌肉癱瘓，最後引發心臟病和呼吸衰竭而死亡。

雖然注射疫苗可以有效預防狂犬病，然而一旦發病，並沒有任何治療藥物，因此死亡率幾乎接近百分之百，各位千萬別輕忽這種可怕的疾病。

第 5 章

公狗和母狗的行為學

公母狗 1

公狗和母狗，哪種性別比較容易飼養？

應該比較各項條件

養狗所考量的條件除了品種之外，性別也是一項普遍重視的因素。一般來說，公狗比較頑皮，母狗則較為溫馴，想在公寓飼養小型犬的人，通常都會選擇母狗。

但是母狗每年都會發情兩次，發情期間情緒會變得不穩定。就算平時個性溫馴，進入發情期仍會焦躁地對主人吼叫或攻擊。不過，發情期多半會在三個星期內結束。

只要度過發情期，就會恢復成原來的溫馴性格。家中若有嬰兒或幼兒，卻忘了母狗每年都會發生兩次變化的話，有可能會導致家中嬰幼兒發生意外，最好特別注意。

雖然公狗的確比母狗更為活潑，但每隻狗的性格都有很大的不同，不能一概而論。不妨在選擇幼犬的階段便進行相當程度的觀察，只要挑選到溫馴的狗，即使是公狗也不會讓人感到不易飼養。

有些人不喜歡公狗在室內抬起單腳尿尿，不過我們也能透過管教，讓牠學會蹲著尿尿，所以這也不是什麼大問題。

只不過，公狗做記號的習性根深蒂固，有時難免會造成困擾。

另外，如果未來有繁殖計畫，只養一隻公狗會較不容易找到對象（如果有認識的人飼養相同品種的母狗，且願意與你合作，這樣就沒有問題）。不過若飼養的是母狗，便可以委託育種員等幫忙，相對會輕鬆許多。

公狗的特徵

◎頑皮活潑
◎抬起單腳尿尿
◎尿尿做記號

母狗的特徵

◎溫馴
◎尿尿時不會抬腿
◎每年發情2次

公狗比母狗更頑皮，也更具攻擊性，但只有在面對人類或另一隻公狗時才會這樣。公狗面對母狗的時候，會像人類男性一樣（？）害羞，即使母狗對牠蠻橫，也不會生氣，反而給人親切的感覺。

只要嗅到發情母狗的味道，公狗性格就會大大改變？

散步時必須格外留神

處在發情期的母狗，會散發出雌性特有的氣味（性費洛蒙），使公狗感到興奮。就算公狗平時相當溫馴，此時也會粗魯地和其他的公狗打架，或者緊追發情期的母狗不放，跳上好幾公尺高的圍欄。有些公狗全神貫注在在交配這件事情上，甚至食不下嚥。

總之，因為公狗會採取平時難以想像的行動，如果家裡或附近有正在發情的母狗的話，外出散步時就要特別注意。

然而對於公狗來說，和發情中的母狗進行交配是理所當然的事，如果受到強行壓抑，公狗會因為壓力過大而出現掉毛現象，或是對飼主激烈反抗。

因此，飼主在家中母狗開始發情後，最好避免將愛犬帶到有其他狗狗聚集的地點，比如草地或獸醫院，這也算是一種禮儀。

順帶一提，進入發情期後，母狗也可能做出有如公狗的尿尿做記號行為。透過將含有性費洛蒙的尿液散布於各處，以便通知周遭所有公狗「自己正在發情」。

另外，母狗身上還會出現毛髮變得光亮、生殖器充血膨脹等現象，即使是平時不願乖乖散步的狗，也會變得坐立難安，無法靜靜待在家裡。有些母狗在這段時期完全不吃食物，但只要過了發情期就會恢復胃口，所以飼主無須過分擔心。

還有一件事要注意，如果為了讓愛犬進食而一直餵喜歡的食物，之後牠就會變得非常挑食。有些母狗會在這段期間分泌母乳，這時請不要觸摸乳房，只需要將溢出的母乳擦掉即可。

7歲以上且沒有生產經驗的母狗，很有可能會罹患子宮蓄膿症。子宮蓄膿症是一種膿液積蓄在子宮內的疾病，通常在發情結束後的一個月左右發病。這種疾病的發展速度非常迅速，有可能在短短的兩個星期內死亡。

生殖器出血並非疾病，而是發情期即將到來的徵兆

狗通常在出生後六到十個月大時迎來第一次發情。原本以為尚處於幼犬階段，卻突然出血，往往令飼主措手不及，不過這樣的情況很正常，大可放心。大型犬的發情通常來得比較慢，有些甚至要到一年多以後才會發情。

第一次發情過後，之後母狗會每年發情兩次。而大型犬的發情時間間隔較長，也有些狗每年只會發情一次。

通常狗的發情會持續約三個星期，這段期間又可分為「發情前期」和「發情期」。

在發情前期，子宮內的血液量劇增，生殖器官腫脹，不久便出現發情出血的現象。這種出血現象會持續約十天左右，每隻母狗的出血量各不相同，有些母狗會自己將出血舔乾淨，導致飼主無法確認。至於出血量較大的室內犬便必須穿上生理褲，否則會造成地毯或家具受到污損。

順帶一提，在發情前期的母狗很討厭公狗接近，有時甚至會攻擊靠過來的公狗。

停止出血後，就是發情期的開始，這段期間母狗會開始排卵，過程持續十天，此時多半會把尾巴移往旁邊，讓公狗看見充血的生殖器。進入發情期的母狗，由於抵抗力下降，所以衛生方面必須比平時更加注意。

有時分明沒有交配，母狗卻出現乳房脹大、肚子隆起的現象，這個現象叫作「假性懷孕」。只要沒有確實懷孕，假性懷孕現象就會在三個月內恢復原狀。

大型犬的發情間隔很長

狗的發情（三個星期內）

發情前期

母狗討厭公狗靠近，
有時甚至會攻擊對方

發情期

開始出血後，母狗會把尾巴移往旁邊，
讓公狗看見充血的生殖器

處於發情前期的母狗，如果在泥沙較多的地方散步，很容易會弄髒屁股，進而引發膀胱炎等傳染病。只要屁股弄髒，就要儘快用溫水沖洗，但飼主要記住一點，這時嚴禁使用洗髮精清洗。

公母狗 4

光是騎乘行為還不夠，得確認交尾結合完成

在母狗停止出血後持續十天的發情期裡，便會進行交配行為。一般認為，在這十天當中的前五天交配，成功懷孕的機率比較高，所以準確判斷發情期的開始時間非常重要；若是委託育種員協助受孕，一般會在這段時間內進行兩次交配。

若是和自家或朋友飼養的公狗交配，在第一次發情期進行交配的成功率較低，按照規定也無法拿到血統書，所以最好避免在此時進行交配。兩歲到八歲之間的母狗都有生育能力，建議不妨在這段期間內進行交配。

交配的方法，一般是採用將公狗和母狗關在同一個房間，交由雙方自主行動的「自然交配」，但這種方式有時會因為配合度或身體方面的問題，導致交配過程不順利，像這樣的情況也只能順其自然。但如果無論如何都希望兩隻狗能夠擁有小孩的話，還有從公狗身上提取精液，進行人工授精的辦法。

交尾狀態下不能受到驚嚇

在自然交配的情況下，公狗會先騎乘在母狗身上交配。待騎乘動作結束後，公狗和母狗會保持屁股緊貼的狀態，這個動作稱為「交尾結合」。儘管公狗已經完成射精，但據說若是沒有看見交尾結合，懷孕的機率就會降低，所以一定要親眼確認。

交尾結合的狀態會持續十到三十分鐘左右，這段期間內絕對不能讓兩隻狗受驚，若母狗受到驚嚇而驚慌逃跑，公狗就會被拖著走。

順帶一提，申請血統書時，可能需要有第三方在場見證下的交配時的照片，因此務必要拍照存證。

自然交配

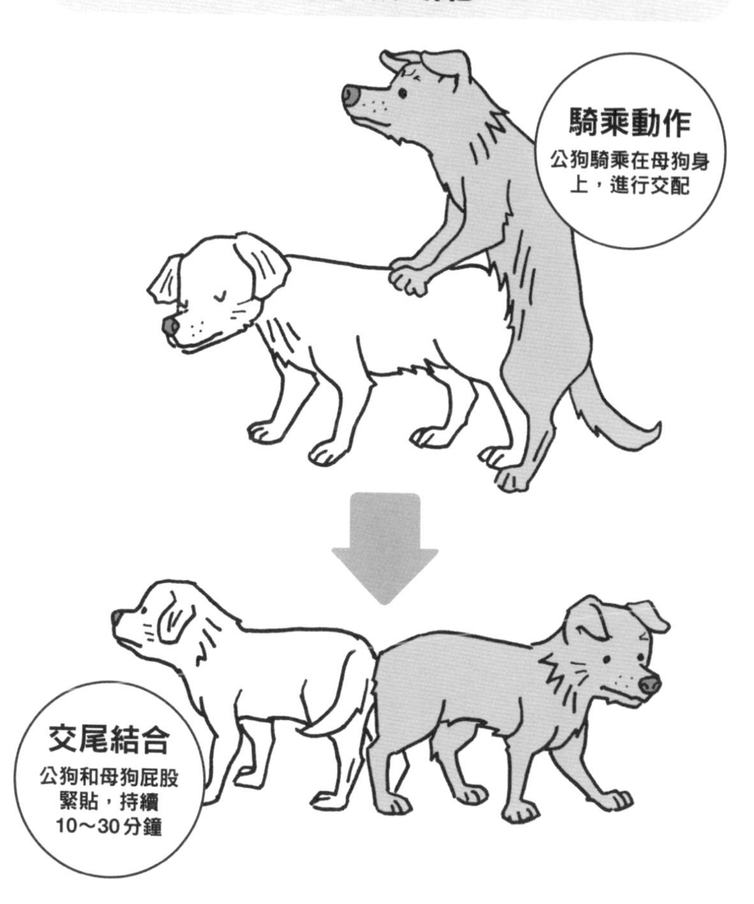

有些母狗每次發情時都會出現假性懷孕。假性懷孕會給子宮造成壓力，若這種情況持續下去，很容易引發子宮蓄膿症。這時飼主最好放棄繁殖的念頭，帶愛犬前往醫院進行結紮手術比較好。

狗的懷孕期是九週，受精卵著床前必須小心照顧

抱起來時謹記不碰腹部

就算交配過程順利，也不一定能保證會懷孕，特別是受精卵在子宮著床前的三週內，母狗的身體完全沒有懷孕的徵兆，口味和食慾也沒有變化，往往讓人放鬆警覺。

尚未著床的受精卵非常不穩定，此時要避免和母狗玩動作激烈的遊戲，活動以散步為主。另外，這段期間也要避免洗澡。

當受精卵成功附著在子宮上時，就進入懷孕中期。獸醫只需要透過觸診就能知道是否懷孕，我們也能從食慾和體重的變化做出某種程度的判斷。首先，當受精卵在子宮著床時，狗的胃口就會變差，這個狀態就和人類的「孕吐」一樣。

一旦成功懷孕，體重就會從這時開始增加，所以順利交配之後，一定要堅持每天量體重。這段期間是相對穩定的時期，此時洗澡最合適，但即使在這個階段，受精卵也可能會被子宮吸收而導致懷孕中斷，所以還不能掉以輕心。只要感覺異常，就要找獸醫做超音波檢查。

交配後過了第七週就進入懷孕後期。這個階段胎兒的生長速度加快，因此肚子會脹得像球一樣圓滾滾，要注意別讓母狗的肚子撞到樓梯等台階上。另外，抱起來的時候也不要碰到肚子。

為了提供胎兒營養，母狗的食慾會變得相當旺盛，但由於胃部受到壓迫，因此每餐的食量反而會減少，如果吃不完的話，就讓飼料保留在原地。不光是胃部，膀胱也會受到壓迫，導致尿尿的次數增加，所以最好隨時讓廁所保持乾淨。

懷孕40天後，也可透過X光攝像來確認胎兒的情況，我們不僅能得到比超音波檢查時解析度更高的影像，還可以預測預產期。順帶一提，這時使用的X光量並不會對母體和胎兒產生負面的影響。

公母狗 6

臨近分娩時，可用紙箱打造生產環境

分娩時的注意事項

到了懷孕末期，母狗的食慾會愈來愈旺盛，但到了交配後的第九週，食慾會突然急速減退。此時若大便開始變軟，就表示母狗即將臨盆，飼主必須開始做準備。

首先需要給母狗一個良好的生產環境。我們可以用紙板打造一個長寬約狗狗身長兩倍、四面圍繞的空間，高度約十五至二十公分，只要出生的幼犬不會跳出來即可。接著利用吸水效果不錯的報紙，撕成碎片後放進生產用的紙箱內。

紙箱最好擺放在舒適安靜處，例如擺放於臥室，在臨近分娩前，事先讓母狗適應紙箱。

剛出生的幼犬全身都會被羊水沾溼，所以要準備幾條乾淨的毛巾，以便將身體擦乾淨。另外，通常肚臍都是由母狗用牙齒咬斷，但為了在咬不斷時提供幫助，最好也要準備消毒過的剪刀，以及剪斷臍帶後用來止血的棉紗。

如果家中飼養多頭狗，就要將懷孕的母狗隔離起來。從陣痛開始，到生出第一隻幼犬，過程大約需要三十分鐘到一小時，所以無須太過著急。

幼犬出生時，母狗會咬破包覆幼犬的囊膜並咬斷臍帶，若咬不破囊膜，幼犬就會窒息，所以飼主必須馬上協助弄破，接著用毛巾將幼犬的臉擦乾。

第二隻以後的幼犬會以每十到三十分鐘的間隔出生，有時也會發生胎位不正的幼犬被產道卡住而出不來的情況，這個時候就用乾淨的毛巾把幼犬包起來，小心翼翼地拉出來。如果幫助母狗超過十分鐘以上卻仍然無法順利生產的話，最好緊急送醫處理。

製做生產箱的方法

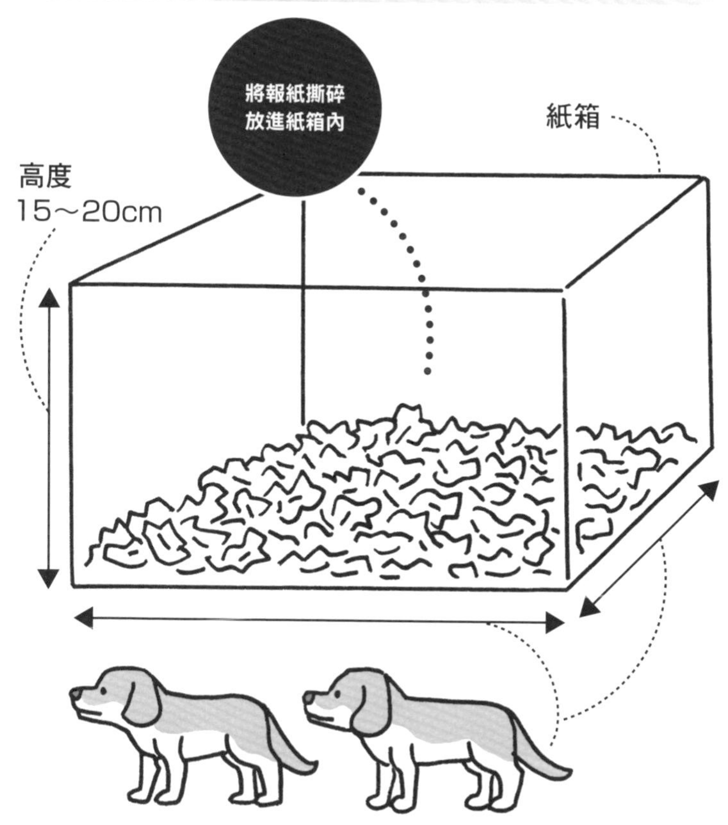

寬度／深度：約身體長度的2倍

如果父母都擁有血統書，幼犬出生後通常都會申請血統證明。血統書的正式名稱是「國際公認血統證明書」，以日本為例，是以加入世界畜犬聯盟（FCI）的社團法人日本畜犬協會（JKC）所發行的證書較具公信力。

公母狗 7

缺少見證人在場，可能無法順利申請血統書

熟人之間更要特別小心

愛犬養了一段時間後，大多數的飼主都會產生「想要有自家孩子的小孩」的念頭，但幼犬可是活生生的動物，並不是想要就能馬上得到。

首先，必須為愛犬找個交配對象。如果養的狗是一對就省事多了，但如果只有飼養一隻公狗，就得向熟人打聽是否飼養相同的犬種；如果只有一隻母狗，除了熟人之外，通常還要和育種員進行交涉。

若是委託育種員協助交配，便會連帶衍生手續費的問題，金額會根據狗的血統而有所差異，也有收費高達近十萬日圓的例子。

順帶一提，日本還有一種稱為「返子」的方式，這是以分配出生的幼犬為條件，以此來取代支付手續費。採取這種方式時，必須事先討論好當母狗只生出一隻幼犬或是不孕時的後續處理方式，務必在交配前先和育種員談妥並簽訂合約。

在選擇交配對象時，一定要考慮即將出生的幼犬如何安置，除了血統之外，還要確認是否有遺傳性疾病。此外，如果是第一次交配，選擇一隻年長且經驗豐富的狗，就能提高成功懷孕的機率。

決定好交配對象之後，基本上是將母狗帶到公狗的位置。

需要注意的是，即使雙方都附有血統書，但若是在沒有第三人見證的情況下進行交配，血統書也不會繼承給出生的幼犬。

假使是交由育種員協助交配，自然不必擔心這一點；但如果是和熟人或自家的狗交配，就必須事先找來見證人。

小型犬一次只能生出約2隻幼犬，有些大型犬一次可以生下10隻以上。順帶一提，大多數的母狗都有5對乳房，這個特徵證明狗原本就是多胎動物。

公母狗 8

如何認養幼犬？簡單區分性格的方法

從飼養方式加以區分

如果問飼主愛犬是從哪裡來，得到的答案多半是來自寵物店或育種員，那麼當初在挑選時，難道不會猶豫再三嗎？雖然幼犬大多都很可愛，但對愛犬人士而言，從中選出一隻可說是一項艱巨的挑戰。

有人認為「為了不移情別戀，最好在看到更多小狗之前做出選擇」。但是考慮到之後要相處很長一段時間，還是應該多方比較，從中選擇個性適合自己的狗比較好。

俗話說，青菜蘿蔔各有所愛，每隻狗的性格也各有不同。有些幼犬會在我們和其他狗玩耍時大聲吠叫，雖然積極不是什麼壞事，但這個行為充分展現想自己獨占飼主的個性，若是已經養了另一隻狗或打算多頭飼養，這隻幼犬就不太適合。

不過往好的方面想，牠有一顆強烈想保護主人的心，應該是一隻非常好的看門狗或貼身保鏢。

活潑好動，想跳到陌生人身上的狗，屬於開朗外向的性格。若是為了尋找維持身體健康的玩伴，精力充沛的幼犬就是最好的選擇。除此之外，若家中經常有親友拜訪，這種個性的狗應該也不會怕生。

但作為看門狗，這種外向的個性反而會造成反效果，就算看見素未謀面的小偷，也會向對方熱情地示好；此外，精力過於充沛的狗狗，也可能讓老人和小孩窮於應付。

遠遠看著其他狗和你嬉戲的小狗，個性謹慎又溫馴，加上頭腦聰明，因此容易飼養。初次養狗的人，只要挑選這種性格的幼犬，應該就不至於產生太多困擾了。

寵物店挑選幼犬的原則

不同品種的狗，性格也不同，例如黃金獵犬、貴賓犬的性格都很外向，喜歡玩耍；柴犬、㹴犬、牧羊犬的警戒心很強，可以成為優秀的看門狗；體重高達90公斤的聖伯納犬，個性則意外地溫和。

公母狗 9

從幼犬時期飼養，重點在於讓狗學習社會化

缺乏適度教育就會產生問題

不僅僅是狗，當我們看到動物的寶寶時，總會不由自主地微笑起來，這是因為包括人類在內的所有哺乳動物，大腦內都輸入了「小寶寶很可愛」的指令。

但千萬別因為可愛而過於嬌縱，尤其是飼養還不太會走路的幼犬時，更要特別注意。

俗話說「江山易改，本性難移」，同樣地，狗的性格會在出生後二到十二週的期間決定，這段時期稱為「社會化期」，如果沒有適當管教，之後就會出現問題行為。

社會化期可以再進一步細分為三期。第一期是出生二到四週，這時的狗狗會透過眼睛與耳朵觀察四周環境，開始學會走路。這個階段要盡可能地讓愛犬和其他幼犬一起玩耍，有了這樣的經驗後，牠就會認知到自己是一隻狗。

第二期為出生後的四到七週，這時讓愛犬和同齡的幼犬一起玩耍也很重要。好奇心旺盛的狗，會和其他狗嬉戲互咬，這麼一來就能學會如何與其他的狗交流。有些成犬無法和其他狗打好關係，正是因為牠們在這個時期幾乎沒有和其他狗玩耍的機會。

出生後七到十二週為第三期。如果想和貓這類動物一起飼養，就要在這個時期前讓牠們接觸。一旦過了社會化期，大腦就會失去靈活性，變得不容易接納其他動物，所以飼主也要特別留意這點。

另外，如果不希望愛犬會怕生，就要在這個時期盡量和人接觸。

社會化的階段教養

第一期
出生後2～4週

讓愛犬和其他幼犬玩耍
先讓牠了解自己是一隻狗

第二期
出生後4～7週

讓愛犬和其他同齡幼犬玩耍
與其他狗嬉戲互咬，學習如何與其他狗交流

第三期
出生後7～12週

讓愛犬和其他動物接觸
若沒有在這段時期和其他動物接觸，之後會變得難以接受

在社會化期與其他狗接觸是很重要的一件事，但在接種疫苗之前，與多數狗接觸卻是暴露在危險當中。即使接種過疫苗，幼犬的免疫力仍比不上成犬，這時最好只和親友飼養的狗接觸，這是考量到我們相對清楚對方的疫苗接種資訊。

公母狗 10

對叛逆期視而不見，會使狗誤以為自己才是老大

一邊命令「坐下」一邊壓屁股

順利度過社會化期，感覺愛犬成長不少，但有時也會發生愛犬突然不聽話的情況。

不久前才學會的「坐下」和「握手」指令，牠卻假裝聽不懂；試圖摸牠的頭，結果手被反咬一口，針對幼童和女性反抗或攻擊的行為更是頻繁。對飼主而言，相信比起被咬，對「愛犬究竟發生什麼事」的不安肯定更為深刻。

這種態度驟變的情況，大多發生在出生後四到七個月之間，這和人類青少年的叛逆期相當類似。這個成長過程在大多數的狗狗身上都能看見，所以不必過於擔心，但是，若這時採取錯誤的因應方式，之後就會引發更嚴重的問題行為。

狗是一種很重視上下關係的動物，然而幼犬並不清楚自己的地位，所以才會做出反抗行為。幼犬會藉由這些行為來確認飼主的容許範圍，從而認清自己的地位。

在群體中，只有老大反抗（任性）能受到容許；換言之，如果飼主對幼犬反抗沒轍的話，就會讓牠誤以為自己是老大。

若是不想讓愛犬產生誤會，飼主就一定在這個時期要求牠做到絕對服從。如果愛犬不聽從「坐下」的指令，就要壓屁股，強迫牠坐下；只是一味地對牠說「坐下」，反而會適得其反，絕對要讓狗狗做到一個指令一個動作。

透過這樣的方式，告訴愛犬「這種反抗行為不被容許」，讓牠知道飼主才是老大。

狗想確認自己的地位時，會先朝力量看起來最弱的人下手。換言之，在有小孩的家庭裡，小孩就是牠的首要攻擊目標；沒有小孩的家庭，女性就是牠攻擊的目標。一旦出現攻擊行為，飼主一定要嚴厲地斥責牠。

公母狗 11

公狗結紮後攻擊性減弱，也不易罹病

如果公狗沒有在發情期進行交配，就會承受相當大的壓力。不過，若是沒有生育計畫，結紮對狗來說也算是一種幸福。

結紮是切除公狗的精巢（睪丸）的手術。失去睪丸後，就不會分泌男性荷爾蒙，因此心理、行動、身體等方面自然相應出現變化。

首先，性格會變得溫馴，對其他狗的攻擊性會消失，這對於散步時常遇到麻煩的飼主來說，這樣的變化可以說是求之不得。有些飼主可能覺得「結紮後性格完全沒變」，這是因為只看見愛犬對待人類的一面。

個性冷淡的狗，即使結紮後也不會突然變得和人親近，只有對待其他公狗的態度改變，所以請不要抱太大的期望。

另外，如果在狗狗學會尿尿做記號之前進行結紮手術，就很有可能讓牠從此不再有做記號的行為。假使已經學會做記號，停止做記號的機率也仍會降低一半以上。因此如果飼主有做結紮手術的打算，就要儘早在出生前六個月時動手術。

除此之外，結紮也有不容易生病的好處，尤其對前列腺肥大、疝氣、肛門附近的癌症特別有效，有不少狗狗的壽命也因此增加約三到五年。

體重增加時得注意熱量

然而，大多數的狗做了結紮手術後普遍會出現導致體重增加的問題，有些狗的體重甚至將近十公斤，這讓人不免有健康上的疑慮。

不過，這其實是女性荷爾蒙的作用增強而伴隨出現的現象，目前仍找不到根本的因應方法，我們只能盡量控制熱量的攝取，防止愛犬繼續肥胖。

結紮的好處

公狗作結紮手術的費用，視體型大小而定。像柴犬這類中型犬，一般需要1,5000～20,000日圓。有些地方政府會提供寵物結紮補助，不妨前往最近的政府機關確認一下。

公母狗 12

母狗動過結紮手術，會做出和公狗一樣的行為？

也有預防疾病的好處

母狗在每年兩次的發情期期間，情緒會變得不穩定，要避免這種性格上的變化，最有效的方法就是結紮手術。

這項手術需要剖開母狗的肚子，切除卵巢和子宮，雖然會對狗的身體帶來極大負擔，但如果沒有生育計畫，為了避免意外懷孕，實施結紮手術仍有其必要性。

母狗最適合動手術的年紀，和公狗一樣是出生後六個月左右。在過去，飼主覺得讓母狗生產過一次之後再動手術會比較好，但現在的人們普遍認為這種做法毫無根據。

動過結紮手術的母狗，其性格和行為也會發生變化。具體來說，縱使是母狗，也會出現騎乘和尿尿做記號的行為，或是對其他狗表現出攻擊性。

這是因為結紮手術會導致荷爾蒙突然失衡，一段時間會大大受到男性荷爾蒙的影響，所以才會出現這種現象。

不過，狗狗體內的荷爾蒙分泌會逐漸恢復平衡，這樣的行為也會慢慢消失，不必過於擔心。

結紮還有預防各種疾病的好處。由於切除了子宮和卵巢，不再需要擔心高齡母狗容易罹患子宮蓄膿症，且乳腺發炎和癌症的發生率也會大大降低。

動過結紮手術的母狗，年紀大了以後有可能會發生尿失禁。雖然有這項缺點，但每千隻母狗中只有不到一隻有這樣的困擾，這時可以透過給予荷爾蒙來治療，不必擔心。

母狗的避孕手術需要剖腹動刀，費用會比公狗動手術貴上約5,000～10,000日圓，通常總共要花20,000～30,000日圓。日本許多地方政府也有提供避孕手術的補助，有些補助金額甚至超過10,000日圓。

公母狗 13

公狗不再抬腳尿尿，有可能是足腰異常

其實是非常難受的姿勢

第198頁曾經介紹「可以教公狗蹲著尿尿」，但在沒有特別教養的情況下，有時公狗會在不知不覺間改用蹲下的姿勢尿尿。

有些飼主可能會高興地認為愛犬的舉止變得更優雅了，但事實上這並非一件好事，因為這是足腰狀況不佳的訊號。

狗和人類一樣，抬起單腳的姿勢會給身體帶來負擔，也就是說，當狗狗不再抬起單腳尿尿，是因為無法承受這種負擔。尤其是對年齡超過十歲的老狗來說，這種姿勢相當難受。

這樣的「姿勢變換」似乎常出現在夏秋之交換季時。夏季的炎熱氣候讓老狗感到難受，使得散步的時間和距離縮短，最後造成肌肉萎縮。另外，老狗在夏天容易引發熱病而變得食慾不佳，同樣會導致全身的肌肉量跟著減少。

話雖如此，但若是貿然增加散步的時間和距離，反而會讓狗狗受傷的機率大增。除了慢慢增加時間和距離之外，同時也要盡量餵食一些營養豐富的食物。

除了年紀的因素外，當公狗不再抬起單腳尿尿時，也可能是患有腿疾。假使只是輕輕按摩腿部就出現抗拒行為，很有可能是罹患關節炎或風溼病，最好送醫檢查一下。

此外，黃金獵犬、拉布拉多犬和德國牧羊犬等犬種，可能是因為背部脊椎末端受到壓迫，才會影響到抬腿尿尿的姿勢，一旦發現這種情況也必須到醫院接受診斷。

許多人普遍認定，公狗會抬起單腳尿尿，母狗則是蹲下尿尿。但若是在生殖能力成熟的1歲之前結紮，就算是公狗，也可能在沒有特別管教的情況下蹲著尿尿。另外，有些個性強悍的母狗也會抬起單腳尿尿。

監修者介紹

藤井聰

All Dog Center全犬種訓練學校負責人，同時身兼日本訓練師養成學校教務主任。取得日本畜犬協會公認訓練範士、日本警犬協會公認一等訓練師、日本牧羊犬登錄協會公認師範等資格。1998年於德國牧羊犬世界聯盟（WUSV）主辦的訓練世界錦標賽擔任日本代表隊隊長，並於個人獎項獲得世界第8名，團體獎項獲得世界第3名。除了訓練師的培訓之外，也參加國內外各種訓練比賽。目前從事家犬教養和矯正問題行為的相關工作，也在各地演講。現今以首席訓練師的身分，活躍於電視等媒體上。

106個狗狗行為學

出　　版／楓葉社文化事業有限公司
地　　址／新北市板橋區信義路163巷3號10樓
郵政劃撥／19907596 楓書坊文化出版社
網　　址／www.maplebook.com.tw
電　　話／02-2957-6096
傳　　真／02-2957-6435
監　　修／藤井聰
翻　　譯／趙鴻龍
責任編輯／江婉瑄
內文排版／楊亞容
校　　對／邱鈺萱
港澳經銷／泛華發行代理有限公司
定　　價／320元
出版日期／2020年7月

國家圖書館出版品預行編目資料

106個狗狗行為學 / 藤井聰監修；趙鴻龍翻譯. -- 初版. -- 新北市：楓葉社文化, 2020.07　面；　公分

ISBN 978-986-370-219-1（平裝）

1. 犬 2. 寵物飼養 3. 動物行為

437.354　　109006029